室内装饰工程预结算

主　编：李国庆
副主编：吕丹丹
主　审：李雪松

中国建材工业出版社

图书在版编目（CIP）数据

室内装饰工程预结算/李国庆主编. —北京：中国建材工业出版社，2013.8（2019.1重印）

ISBN 978-7-5160-0507-1

Ⅰ.①室… Ⅱ.①李… Ⅲ.①室内装饰－建筑预算定额-高等职业教育-教材 Ⅳ.①TU723.3

中国版本图书馆CIP数据核字（2013）第181652号

内 容 简 介

本书是用项目教学法编写的一本高职高专教材。全书共分六个项目，分别是室内装饰工程量计算、室内装饰工程定额计价的编制、室内装饰工程工程量清单计价编制、室内装饰工程结算的编制、家装工程预算、预算软件的使用。每个项目分成不同的任务，每个任务按着学习目标、任务设置、相关知识、任务实施、课余训练、任务考核的顺序进行编写。

本书可供高职院校室内设计类专业、工程造价专业、建筑装饰工程技术专业的教师及学生使用，也可供从事相关专业技术人员使用与参考。

室内装饰工程预结算

李国庆　主编

吕丹丹　副主编

李雪松　主审

出版发行：中国建材工业出版社

地　　址：北京市海淀区三里河路1号

邮　　编：100044

经　　销：全国各地新华书店

印　　刷：北京雁林吉兆印刷有限公司

开　　本：787mm×1092mm　1/16

印　　张：8.5

字　　数：208千字

版　　次：2013年8月第1版

印　　次：2019年1月第4次

定　　价：**26.80元**

本社网址：www.jccbs.com.cn

本书如出现印装质量问题，由我社发行部负责调换。联系电话：(010)88386906

前　言

《室内装饰工程预结算》是根据高等职业院校室内设计类专业的需要而编写的，该课程是室内设计类专业的主干课之一，也是一门技术性很强的课程。任何一项装饰工程都必须有装饰工程预结算这一重要工作，设计单位和施工单位必须为这项工作设立一个岗位。因此，本书在编写中以岗位的真实工作为主线，介绍相关的知识和计算方法。

本书以中华人民共和国《建设工程工程量清单计价规范》（GB 50500—2013）和《某省装饰装修工程计价定额》为依据进行工程量计算和费用计算。编写项目二和项目三时，重点要把如何查找和使用作为重点；每节后面的习题以算为主，减少机械记忆的项目。本书名词规范，解释简洁、明确；在编写中尽可能以实例来说明问题，压缩语言叙述。

本书在编写过程中得到了黑龙江生物科技职业学院、哈尔滨华润建筑装饰有限公司大力支持。作者引用和参考的许多文献资料和电子资料没有全部列出，在此向有关人员表示感谢！全书由李国庆主编并统稿。项目一、项目二和项目五由李国庆编写，项目三、项目六及附录由石秋生编写，项目四由吕丹丹编写。另外，感谢刘俊发、李秋实、高阳对本书的出版所作出的工作和努力。

由于作者水平有限，错误和不足之处在所难免，敬请批评指正。

李国庆

2013.8

中国建材工业出版社
China Building Materials Press

目　　录

项目一　室内装饰工程量计算

【学习目标】

学生说明工程量计算规则，并能依据规则进行工程量计算。正确计算建筑面积，楼地面工程量，墙柱面工程量、天棚、门窗工程量，油漆、涂料、裱糊工程量和其他工程工程量。

工程量是把设计图纸中的具体工程或结构构件按照定额规定的分项工程子目以一定的物理单位和自然单位表示出的具体数量。

工程量计量单位采用物理单位和自然单位。

物理单位是以分项工程或构件的物理属性为计量单位，例如长度单位用米、面积用平方米、体积用立方米、质量用千克等。

自然单位是以分项工程或构件的自然实体为单位，例如组、台、套等。

人工的工程量单位为工日，按照我国劳动法的规定，一个工作日的工作时间为 8 小时，简称"工日"。比如天棚抹混合砂浆，有 5 个工人，每天如此，工作 7 天，那么总工日就是 35 个（7 天×5 人），一天的工日就是 5 个（1 天×5 人）。

机械的工程量计量单位是台班，单位工程机械工作八小时称为一个台班。如一台机器工作一个班次称一台班，两台机器工作一个班次或一台机器工作两个班次称为二台班，往下以此类推。

一、工程项目划分

为了便于计算装饰工程的总体造价，我们根据组织施工的过程对一个完整的建设工程加以人为划分。由大到小划分为建设项目、单项工程、单位工程、分部工程和分项工程。而分项工程是最简单的施工过程。通过计算一个个最简单的施工过程所消耗的人工费、材料费以及施工机械使用费，完成整个建设项目费用的计算。

那么，建设项目到底是如何划分的呢？

1. 建设项目　具有一个总体设计任务书，并按照总设计意图统一进行施工，经济上实行独立核算，行政上由具有法人资格的建设单位实行独立管理，一般由一个或几个单项工程组成。例如一所学校、一个公园、一个动物园等就是一个建设项目。

通常我们把一个企业、事业单位的建设或一个独立工程项目的建设看做一个建设项目。凡属于一个总体设计，即使是分期分批建设的主体工程、水电安装工程、配套工程都应看做一个建设项目。不应把不属于一个总体设计的几个工程归为一个建设项目；也不能把同一个总体设计内的工程，按不同的施工单位分为几个建设项目。

2. 单项工程　具有独立的设计文件，能独立施工竣工后能够独立发挥生产能力或使用效益的工程项目，是建设项目的组成部分。例如教学楼是学校这个建设项目中的单项工程，码头、水榭和茶室分别是公园这个建设项目的三个单项工程。

有时一个建设项目只有一个单项工程，则此单项工程就是建设项目。

3. 单位工程　具有独立的设计文件，可以独立施工，但建成后不能独立发挥生产能力和使用效益的工程项目，是单项工程的组成部分。例如，某教学楼的土建工程、电气照明工

1

程、给排水工程、装饰工程等都是教学楼这个单项工程的单位工程；而茶室中的给排水工程、电气照明工程都是茶室这个单项工程的单位工程。

一般情况下，我们所说的施工图预算是针对单位工程来编制的。

4. 分部工程　是单位工程的组成部分，一般是指按单位工程的各个部位或是按照使用不同的工种、材料和施工机械而划分的工程项目。它是单位工程的组成部分。一般装饰装修工程可划分为 6 个分部工程——"天棚工程""墙面工程""楼地面工程""门窗工程""油漆、涂料、裱糊工程"。通常分部工程又可分为子分部工程。如楼地面工程又可分为整体面层、块料面层、橡塑面层、其他材料面层踢脚线、楼梯装饰、扶手、栏杆、栏板装饰、台阶装饰、零星装饰项目等。

5. 分项工程　是指分部工程中按照不同的施工方法、不同的材料、不同的规格等因素进一步划分的最基本的工程项目。如水泥砂浆楼地面工程分为现拌砂浆和预拌砂浆两个分项工程。

二、工程量计算基本原则及步骤

（一）工程量的计算原则　列项名称要正确，要与定额中相应的子目项名称一致；工程量计算规则要一致，要与定额的要求一致；计量单位要一致，要与定额上的单位统一；还要注意计算精度要前后一致。

在计算工程量时，既要快速准确，又要计算有序；既要不漏算不重算，又要便于审核。计算工程量时要按一定的规律和顺序进行。一般来说，既可以按照施工的先后顺序计算工程量，又可以按照定额编排的顺序列项。

（二）工程量计算的步骤

1. 列出分项工程项目名称

根据施工图纸，并结合施工方案的有关内容，按照一定的计算顺序，逐一列出单位工程预算的分项工程项目名称。所列的分项工程项目名称必须要与预算定额中的相应项目名称一致。

2. 列出工程量计算式

分项工程项目名称列出后，根据施工图纸所示的部位、尺寸和数量，按照工程量计算规则分别列出工程量计算公式。工程量计算通常采用表 1-1 这样的计算表格进行计算。

表 1-1　工程量计算表

序　号	分项工程名称	单　位	计算式	工程数量

3. 调整计量单位

通常计算的工程数量都是以米（m）、平方米（m^2）等为计量单位，但预算定额中往往以 10 米（10m）、10 平方米（10m^2）、100 平方米（100m^2）等为计量单位。因此，还须将计算的工程量单位按预算定额中相应项目规定的计量单位进行调整，使计量单位一致，便于以后的计算。

4. 计算工程量

各项工程量计算完毕经校核后，就可以编制单位工程施工图预算书。

任务一 天棚工程量计算

【任务目标】

能根据工程量计算规则，正确计算天棚工程量。

【任务设置】

例 1-1 某工程现浇井字梁顶棚如图 1-1 所示，现浇板混凝土天棚抹石灰砂浆面层，所用砂浆为搅拌砂浆，计算工程量。

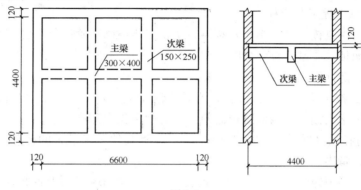

图 1-1

例 1-2 如图 1-2 所示，预制钢筋混凝土板底吊不上人型装配式 U 型轻钢龙骨，间距 450mm × 450mm，龙骨上铺钉中密度板，面层粘贴 6m 厚铝塑板，计算顶棚工程量。

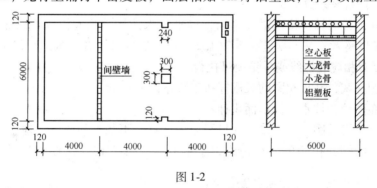

图 1-2

例 1-3 某三级天棚尺寸如图 1-3 所示，钢筋混凝土板下吊双层楞木，面层为塑料板，计算顶棚工程量。

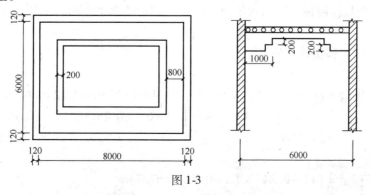

图 1-3

【相关知识】

一、天棚工程内容

1. 天棚主要工程项目

抹灰、勾缝、抹装饰线；

龙骨：轻钢龙骨安装、铝合金龙骨安装、木方龙骨安装、对剖圆木龙骨安装；

基层：平面基层施工、吊挂式基层施工、阶梯型基层、锯齿型基层施工；

面层：饰面板面层施工、金属板面层施工、吸声板面层施工、玻璃面层施工、艺术造型面层施工、天棚灯片安装。

2. 悬吊式天棚工程工艺流程

找规矩→弹线→复核→吊筋制作安装→主龙骨安装→调平龙骨架→次龙骨安装→固定→质量检查→安装面板→质量检查→缝隙处理→饰面。

二、天棚工程量计算规则

1. 天棚抹灰，按主墙间净面积计算，不扣除间壁墙、垛、柱、附墙烟囱、检查口和管道所占的面积。带梁天棚、梁两侧抹灰面积并入天棚面积内计算。

2. 天棚中的折线、灯槽线、圆弧形线、拱形线等其他艺术形式的抹灰，按展开面积计算，并入天棚工程量内。

3. 板式楼梯底面抹灰按斜面积计算，锯齿形楼梯底面抹灰按展开面积计算。

4. 密肋梁和井字梁天棚抹灰，按展开面积计算。

5. 阳台底面抹灰按水平投影面积以平方米计算，并入相应天棚抹灰面积内。阳台如带悬臂梁者，其工程量×系数 1.3。

6. 雨篷底面或顶面抹灰按水平投影面积以平方米计算，并入相应天棚抹灰面积内。雨篷顶面带反沿或反梁者，其工程量×系数 1.2；底面带悬臂梁者，其工程量×系数 1.2。雨篷外边线按第二章相应装饰线或零星项目执行。

7. 檐口天棚抹灰，并入相同的天棚抹灰工程量内。

8. 预制板底勾缝，按水平投影面积计算。

9. 天棚龙骨按设计图示尺寸以水平投影面积计算，不扣除间壁墙、检查口、附墙烟囱、柱垛和管道所占面积，扣除单个 0.3m^2 以上的孔洞、独立柱及天棚相连的窗帘盒所占的面积。

10. 天棚基层、面层，均按展开面积计算。

11. 龙骨、基层、面层合并列项的项目，工程量计算规则按龙骨的规则执行。

12. 藤条造型悬挂吊顶、织物软吊顶、网架天棚均按水平投影面积计算。

【任务实施】

一、完成天棚工程量计算任务

例 1-1 解答：

$$
\begin{aligned}
顶棚抹灰工程量 &= (6.60 - 0.24) \times (4.40 - 0.24) + (0.40 - 0.12) \times 6.36 \times 2 \\
&\quad + (0.25 - 0.12) \times 3.86 \times 2 \times 2 - (0.25 - 0.12) \times 0.15 \times 4 \\
&= 31.94\text{m}^2
\end{aligned}
$$

例 1-2 解答：

$$
轻钢龙骨工程量 = (12 - 0.24) \times (6 - 0.24) = 67.74\text{m}^2
$$

基层板工程量 $=(12-0.24)\times(6-0.24)-0.30\times0.30=67.65\text{m}^2$

铝塑板面层工程量 $=(12-0.24)\times(6-0.24)-0.30\times0.30=67.65\text{m}^2$

例 1-3 解答：

双层楞木（三级）工程量 $=(8.00-0.24-0.8\times2)\times(6.00-0.24-0.8\times2)=45.56\text{m}^2$

双层楞木（一级）工程量 $=(8.00-0.24)\times(6.00-0.24)-25.63=19.07\text{m}^2$

塑料板顶棚工程量 $=(8.00-0.24)\times(6.00-0.24)+(8.00-0.24-0.90\times2+6.00$

$-0.24-0.90\times2)\times2\times0.20\times2=52.63\text{m}^2$

二、天棚工程量计算训练

训练 1　如图 1-4 所示，按图示尺寸计算天棚工程量。

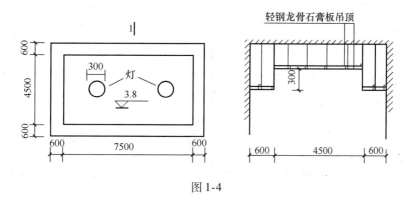

图 1-4

训练 2　方木天棚龙骨工程量计算（由教师自拟题目）

训练 3　不上人型铝合金天棚龙骨工程量计算（由教师自拟题目）

训练要求：

1. 按要求完成工程量计算；纸张统一用 A4 纸；

2. 图纸由教师提供；

3. 工程量计算要准确；

4. 要求当堂课完成。

【任务考核】

结合天棚工程量依照表 1-2 的要求，计算训练题进行任务考核。

表 1-2　评 分 标 准

序号	考 核 项 目	配分	考 核 标 准	得分
1	计算项目	25	计算项目齐全	
2	识图	25	正确识图	
3	列计算式	10	计算式正确	
4	计算结果	40	计算结果正确	

任务二 楼地面工程量计算

【任务目标】

能根据工程量计算规则，正确计算楼地面工程量。

【任务设置】

例1-4 计算图1-5中办公室、会客室的整体面层及找平层工程量（墙厚240mm，M1：2200mm×800mm；M2：2500mm×1200mm）。

例1-5 如图1-6所示，试计算活动室和办公室100mm高整体面层踢脚线的工程量（M均为2300mm×1000mm）。

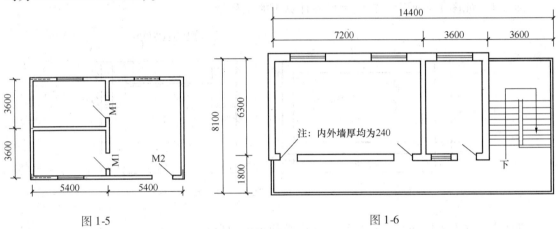

图 1-5   图 1-6

例1-6 图1-7为某工程二层楼建筑，楼梯间贴面采用花岗岩，踏步面伸出踢面30mm，

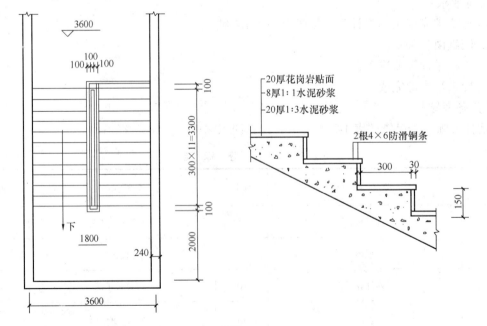

图 1-7

踏步嵌 2 根 4mm × 6mm 防滑铜条，防滑铜条距两端 150mm，墙面贴 150mm 高踢脚线，计算工程量。

例 1-7　某房屋平面布置如图 1-8 所示，除卫生间外，其余部分采用固定式单层地毯铺设，不允许拼接，计算该分项工程的工程量。

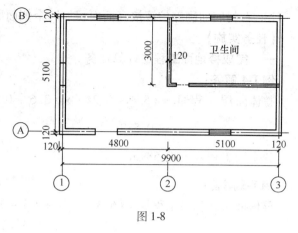

图 1-8

【相关知识】

一、楼地面工程内容

水泥砂浆面层施工、现浇水磨石面层施工、石材面层施工、陶瓷地砖施工、玻璃地砖施工、预制水磨石地面施工、地毯施工、地板施工、踢脚线施工、楼梯装饰施工、台阶装饰施工。

二、楼地面工程工程量计算规则

1. 地面垫层按主墙间净空面积 × 设计厚度（以立方米计算）（主墙指砖混砌块墙厚≥180mm，钢筋混凝土墙厚≥100mm）。应扣除凸出地面的构筑物设备基础、室内管道、地沟等所点的面积，不扣除间壁墙和 0.3m² 以内柱垛附墙烟囱及孔洞所占面积，但门洞、空圈、暖气包槽、壁龛的开口部分也不增加。

2. 整体面层、找平层、地面抹平压光按主墙间净空面积计算。应扣除凸出地面的构筑物设备基础、室内管道、地沟等所占的面积，不扣除间壁墙和 0.3m² 以内柱垛附墙烟囱及孔洞所占面积，但门洞、空圈、暖气包槽、壁龛的开口部分也不增加。

3. 水泥砂浆阶梯地面按阶梯平面与立面的面积之和计算。

4. 水泥砂浆防滑坡道，锯齿坡道按坡道斜面积计算。

5. 块料面层、橡塑面层、地毯面层、地板面层按设计图示尺寸以实铺面积计算，不扣除 0.1m² 以内的孔洞所占面积，门洞、空圈、暖气包槽、壁龛的开口部分并入相应的工程量内。拼花部分按实贴面积计算。

6. 块料面层中的点缀单独计算，但计算主体铺贴地面面积时不扣除点缀所占面积。

7. 水泥砂浆踢脚线单独计算，洞口、空圈所占面积不扣除，洞口、空圈垛、附墙烟囱等侧壁面积也不增加。成品踢脚线按设计图示实贴长度以延长米计算。其他踢脚线按设计图示的实贴长度 × 高度以面积计算。

8. 楼梯按设计图示尺寸以楼梯（包括踏步、休息平台及 500mm 以内的楼梯井）水平投影面积计算。有梯口梁者，算至梁边；无梯口梁者，按最上层踏步边沿加 300mm 计算。剪刀楼梯按设计图示楼梯间内水平投影面积计算。

9. 台阶按设计图示尺寸以台阶（包括最上一层踏步边沿加 300mm）计算。剪刀楼梯按设计图示楼梯间内水平投影面积计算。

10. 零星项目按设计图示尺寸以展开面积计算。

11. 楼梯、台阶防滑条按踏步两端距离减 300mm 计算。

12. 扶手、栏杆、栏板按设计图示尺寸以扶手中心线长度（包括弯头长度）计算。弯头按个另行计算。

13. 石材底面刷养护液按底面面积加四个侧面面积（以平方米计算）。

【任务实施】

一、完成楼地面工程量计算任务

例1-4解答：

整体面层工程量 $= (5.4 - 0.24) \times (3.6 - 0.24) \times 2 + (5.4 - 0.24) \times (7.2 - 0.24)$

$$= 70.589 \text{m}^2$$

找平层工程量 $= 70.589 \text{m}^2$

例1-5解答：

整体面层踢脚线工程量 $= (6.3 - 0.24 + 7.2 - 0.24) \times 2 \times 0.1 + (3.6 - 0.24 + 6.3$

$$- 0.24) \times 2 \times 0.1 = 2.604 + 1.884 = 4.49 \text{m}^2$$

例1-6解答：

楼梯花岗岩面层(踏步、踢脚板)工程量 $= (0.3 \times 11 + 2 + 0.1) \times (3.6 - 0.24) + (3.6 -$

$$0.24 - 0.1) \div 2 \times 0.3 = 18.633 \text{m}^2$$

防滑铜条工程量 $= (3.6 - 0.24 - 0.01 - 0.15 \times 4) \times 11 = 30.25 \text{m}$

楼梯花岗岩踢脚线工程量 $= (0.15 + 0.15 + 0.15) \times 0.3 \div 2 \times 12 + [3.6 - 0.24 + (2.1 -$

$$0.3) \times 2)] \times 0.15 = 1.854 \text{m}^2$$

例1-7解答：

地毯面积(实铺面积)工程量 $= (9.9 - 0.24) \times (5.1 - 0.24) - [(5.1 - 0.12 + 0.06)$

$$\times (3 - 0.12 + 0.06)] = 32.13 \text{m}^2$$

二、楼地面工程量计算训练

训练1　某商店平面如图1-9所示，地面做法：C20细石混凝土找平层60mm厚，1:2.5白水泥色石子水磨石面层20mm厚，15mm×2mm铜条分隔，距墙柱边300mm范围内按纵横1m宽分格。计算地面工程量。

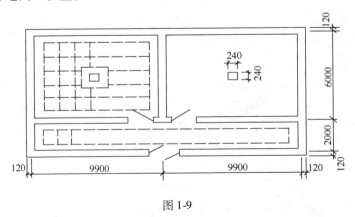

图1-9

训练2　某工程花岗石台阶，尺寸如图1-10所示，台阶及翼墙1:2.5水泥砂浆粘贴花岗石板（翼墙外侧不贴），计算工程量。

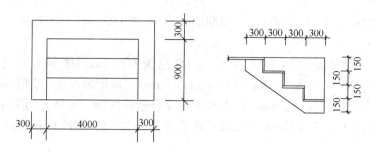

图 1-10

训练要求：

1. 按要求完成工程量计算；纸张统一用 A4 纸；

2. 图纸由教师提供；

3. 工程量计算要准确；

4. 要求当堂课完成。

【任务考核】

结合楼地面工程量依照表 1-3 的要求，计算训练题进行任务考核。

表 1-3　评 分 标 准

序号	考 核 项 目	配分	考 核 标 准	得分
1	计算项目	25	计算项目齐全	
2	识图	25	正确识图	
3	列计算式	10	计算式正确	
4	计算结果	40	计算结果正确	

任务三　墙、柱面工程量计算

【任务目标】

能根据工程量计算规则，正确计算墙、柱面工程量。

【任务设置】

例 1-8　某平房室内抹水泥砂浆，如图 1-11 所示，内墙抹灰高为 3.6m，门窗洞口 M-1

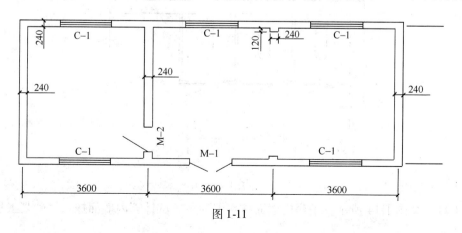

图 1-11

9

为 1200mm×2400mm，M-2 为 900mm×2000mm，C-1 为 1500mm×1800mm，求内墙面抹水泥砂浆工程量。

例 1-9 某一层建筑如图 1-12 所示，Z 直径为 600mm，M1 洞口尺寸为 1200mm×2000mm（内平），C1 尺寸为 1200mm×1500mm×80mm，砖墙的厚度为 240mm，墙内部采用 17mm 的 1:1:6 混合砂浆找平，5mm 的 1:0.3:3 混合砂浆抹面，砖柱采用 17mm 的 1:3 水泥砂浆找平，5mm 的 1:2.5 水泥砂浆抹面，砂浆均为搅拌砂浆，计算外墙内侧和柱面的工程量。

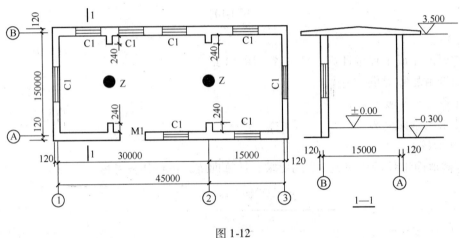

图 1-12

例 1-10 某厕所平面、立面图如图 1-13 所示，隔断及门采用塑钢材料制作。试计算厕所塑钢隔断工程量。

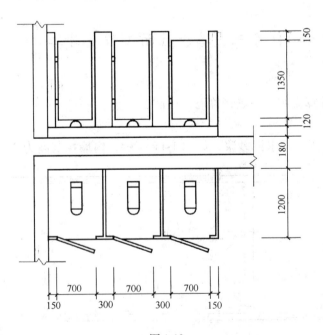

图 1-13

例 1-11 如图 1-14 所示，平房内墙面抹水泥砂浆。试计算内墙面抹水泥砂浆工程量。

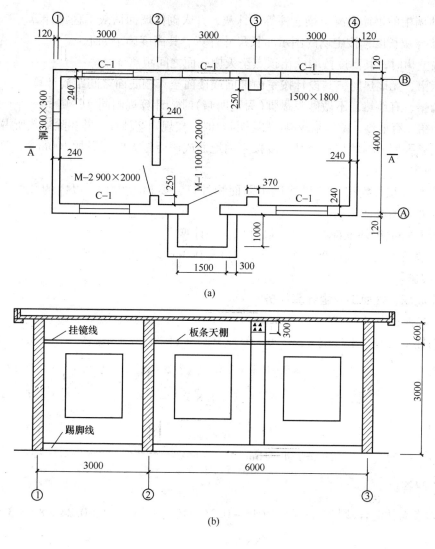

图 1-14

【相关知识】

一、墙、柱面工程内容

1. 楼地面工程类型

2. 施工材料

3. 常用机具

4. 楼地面工程工艺流程

二、墙、柱面工程工程量计算规则

（一）内墙抹灰

1. 内墙面（墙裙）抹灰面积，应扣除门窗洞口、空圈和 0.3m² 以上孔洞所占面积，不扣除踢脚板、挂镜线、0.3m² 以内孔洞及墙与构件交接处的面积，洞口侧壁和顶面也不增加（如果门、窗洞口侧壁和顶面宽度超出 120mm 时，超出部分应增加）。墙壁垛和附墙烟囱侧壁面积并入墙面抹灰工程量内计算。

2. 砌体墙中的钢筋混凝土梁、柱等的抹灰,并入砌体墙面抹灰工程量计算。

3. 内墙抹灰长度,按主墙的图示净长尺寸计算。其高度确定如下:

①有墙壁裙时,其高度按墙壁裙顶点至天棚底面之间距离计算。

②无墙裙、无地热时,其设计按室内地面或楼面至天棚底面之间距离计算。

③无墙裙、有地热、不做砂浆踢脚(无论明暗)时,计算规则同②。

④无墙裙、有地热、做砂浆踢脚(无论明暗)时,按规则②计算,并扣除地热所占厚度。

⑤钉板条天棚的内墙抹灰,其高度按室内地面或楼面至天棚面另加 100mm 计算。

(二) 块料及其他

1. 墙壁面面层,均按图示尺寸以实贴面积计算,不扣除 $0.1m^2$ 以内的孔洞所占面积。垛和附墙柱并入墙面计算。

2. 独立柱饰面按外围饰面尺寸×高度以面积计算。

3. 隔断按净长×净高计算,扣除门窗洞口及 $0.3m^2$ 以上的孔洞所占面积。

【任务实施】

一、完成墙、柱面工程量计算任务

例 1-8 解答:

$$内墙面抹水泥砂浆工程量 = [(3.6 - 0.12 \times 2) + (5.8 - 0.12 \times 2)] \times 2 \times 3.6 - 1.5 \times 1.8$$
$$\times 2 - 0.9 \times 2.0 + [(7.2 - 0.12 \times 2) + (5.8 - 0.12 \times 2)] \times 2$$
$$\times 3.6 - 1.5 \times 1.8 \times 3 - 0.9 \times 2 \times 2 - 1.2 \times 2.4 + 0.12 \times 4$$
$$\times 3.6$$
$$= 134.316m^2$$

例 1-9 解答:

$$外墙内表面抹混合砂浆工程量 = [(45 - 0.24 + 15 - 0.24) \times 2 + 0.24 \times 8] \times 3.5 - 1.2 \times$$
$$1.5 \times 8 - 1.2 \times 2$$
$$= 406.56m^2$$

$$柱面抹水泥砂浆工程量 = 3.14 \times 0.6 \times 3.5 \times 2 = 13.188m^2$$

例 1-10 解答:

$$厕所塑钢隔间隔断工程量 = (1.35 + 0.15 + 0.12) \times (0.3 \times 2 + 0.15 \times 2 + 1.2 \times 3)$$
$$= 7.29m^2$$

例 1-11 解答:

$$内墙面抹水泥砂浆工程量 = \{[(3 - 0.12 \times 2) + (4 - 0.12 \times 2)] \times 2 \times (3 + 0.6) - 1.5$$
$$\times 1.8 \times 2 - 0.9 \times 2\} + \{[(3 \times 2 - 0.12 \times 2) \times 2 + (4 - 0.12 \times$$
$$2) \times 2 + 0.25 \times 4] \times (3 + 0.1) - 1.5 \times 1.8 \times 3 - 0.9 \times 2 - 1 \times$$
$$2\} = 89.968m^2$$

二、墙、柱面工程量计算训练

训练1　如图 1-15 所示，试计算墙面铺木龙骨、胶合板基层、面层工程量。

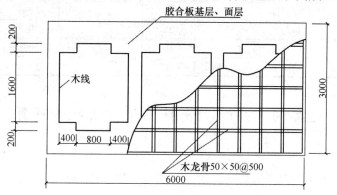

图 1-15

训练2　如图 1-16 所示，内墙面为 1:2 水泥砂浆，外墙面为普通水泥白石子水刷石，门窗尺寸分别为：M-1：900mm×2000mm；

M-2：1200mm×2000mm；

M-3：1000mm×2000mm；

C-1：1500mm×1500mm；

C-2：1800mm×1500mm；

C-3：3000mm×1500mm。

试计算外墙面抹灰工程量。

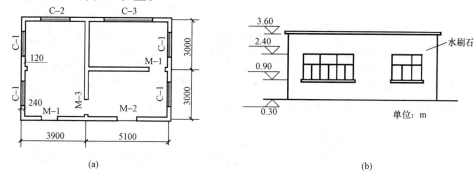

(a)　　　　　　　　　　　　　　　　　　　(b)

图 1-16

（a）平面图；（b）北立面图

训练要求：

1. 按要求完成工程量计算；纸张统一用 A4 纸；

2. 图纸由教师提供；

3. 工程量计算要准确；

4. 要求当堂课完成。

【任务考核】

结合墙、柱面工程量依照表 1-4 的要求，计算训练题进行任务考核。

表 1-4 评 分 标 准

序号	考 核 项 目	配分	考 核 标 准	得分
1	计算项目	25	计算项目齐全	
2	识图	25	正确识图	
3	列计算式	10	计算式正确	
4	计算结果	40	计算结果正确	

任务四 油漆、涂料、裱糊工程量计算

【任务目标】

能根据工程量计算规则，正确计算油漆、涂料、裱糊工程量。

【任务设置】

例 1-12 某工程如图 1-17 所示尺寸，地面刷过氯乙烯涂料，三合板木墙裙上润油粉，刷硝基清漆 6 遍，墙面、顶棚刷乳胶漆 3 遍（光面），计算工程量。

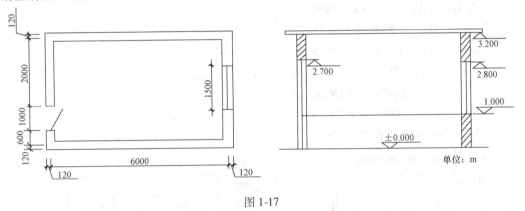

图 1-17

例 1-13 某工程如图 1-18 所示，内墙抹灰面满刮腻子 2 遍，贴对花墙纸；挂镜线刷底油 1 遍，调和漆 2 遍；挂镜线以上及顶棚刷仿瓷涂料 2 遍，计算工程量。

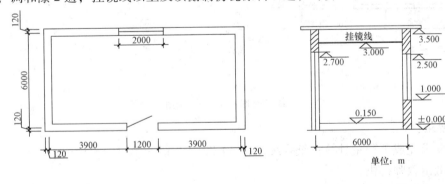

图 1-18

【相关知识】

一、墙、柱面工程内容

1. 楼地面工程类型

2. 施工材料

3. 常用机具

4. 楼地面工程工艺流程

二、油漆、涂料、裱糊工程量计算规则

1. 木材面油漆的工程量

单层木门、双层木门（一玻一纱）、双层木门（单裁口）、单层全玻门、木百叶门，按单面洞口面积计算。

单层玻璃窗、双层木窗（一玻一纱）、双层木窗（单裁口）、双层框三层木窗（二玻一纱）、单层组合窗、双层组合窗、木百叶窗按单面洞口面积计算。

木扶手（不带托板）、木扶手（带托板）、窗帘盒、挂衣板、黑板框、单独木线条100mm 以外、挂镜线、窗帘棍、单独木线条100mm 以内按延长米计算。

木板、纤维板、胶合板天棚；木护墙、木墙裙；窗台板、筒子板、盖板、门窗套；清水板条天棚、檐口；木方格吊顶天棚；吸声板墙面、天棚面；暖气罩按长×宽计算。

木间壁、木隔断、木栅栏、木栏杆（带扶手）按单面外围面积计算。

衣柜、壁柜按投影面积计算（不展开）。

木地板、木踢脚线按长×宽计算。

木楼梯（不包括底面）按水平投影面积计算。

2. 金属构件油漆的工程量除另有说明者外，均按下例计算规则计算。

单层钢门窗，双层（一玻一纱）钢门窗，百叶钢门，半截钢门或包铁皮门，钢折叠门按洞口面积计算。

射线防护门，厂库房平开、推拉门，铁丝网大门按框（扇）外围面积计算。

3. 金属面喷氟碳漆按展开面积计算。

4. 内墙涂料按设计图示尺寸以实刷面积计算，室内的棚角线所占面积不扣除，棚角线另按相应定额计算。

5. 刷防火涂料工程量计算规则如下：

隔墙、隔断（间壁）、护壁木龙骨按其面层正立面投影面积计算。

基层板刷防火涂料，按设计图示尺寸以展开面积计算。

柱木龙骨按其面层外围面积计算。

木地板中木龙骨及木龙骨带毛地板按地板面积计算。

地台木龙骨按地台水平投影面积计算。

天棚木龙骨按其水平投影面积计算。

金属面按展开面积计算。

6. 混凝土花格窗、栏杆花饰按单面外围投影面积计算。

7. 裱糊按设计图示尺寸以面积计算。

【任务实施】

一、完成油漆、涂料、裱糊工程量计算任务

例 1-12 解答：

地面刷涂料工程量 $= (6.00 - 0.24) \times (3.60 - 0.24) = 19.35 \text{m}^2$

墙裙刷硝基清漆工程量 $= [(6.00 - 0.24 + 3.60 - 0.24) \times 2 - 1.00] \times 1.00 \times 1.00 (系数)$

$$= 17.24 m^2$$

墙面刷乳胶漆工程量 $= (5.76 + 3.36) \times 2 \times 2.20 - 1.00 \times (2.70 - 1.00) - 1.50 \times 1.80$

$$= 35.73 m^2$$

顶棚刷乳胶漆工程量 $= 5.76 \times 3.36 = 19.35 m^2$

例 1-13 解答:

挂镜线工程量 $= (9.00 - 0.24 + 6.00 - 0.24) \times 2 \times 0.35 (系数) = 10.16 m$

墙纸裱糊工程量 $=$ 内墙净长 $\times$ 裱糊高度 $-$ 门窗洞口面积 $+$ 洞口侧面面积

$$= (5.76 + 8.76) \times 2 \times 2.0 - 1.2 \times 1.7 - 2.0 \times 1.5 + 1.7 \times 0.08$$

$$+ 1.5 \times 0.08 (门窗框厚 80mm)$$

$$= 58.08 - 2.04 - 3.0 + 0.136 + 0.12 = 53.29 m^2$$

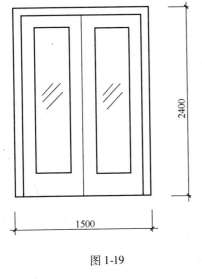

2400

1500

图 1-19

防瓷涂料工程量 $=$ 天棚涂料工程量 $+$ 墙面涂料工程量

$$= (9.0 - 0.12 \times 2) \times (6.0 - 0.12 \times 2)$$

$$+ (9.0 - 0.12 \times 2 + 6.0 - 0.12 \times 2)$$

$$\times 2 \times (3.5 - 3.0)$$

$$= 8.76 \times 5.76 + (8.76 + 5.76) \times 2$$

$$\times 0.5$$

$$= 50.46 + 14.52 \times 1.0$$

$$= 64.98 m^2$$

二、墙柱面工程量计算训练

木框全玻璃门, 尺寸如图 1-19 所示, 油漆为底油 1 遍, 调和漆 3 遍。计算工程量。

训练要求:

1. 按要求完成工程量计算; 纸张统一用 A4 纸;

2. 图纸由教师提供;

3. 工程量计算要准确;

4. 要求当堂课完成。

【任务考核】

结合油漆、涂料、裱糊工程量, 依照表 1-5 的要求, 计算训练题进行任务考核。

表 1-5 评 分 标 准

序号	考核项目	配分	考核标准	得分
1	计算项目	25	计算项目齐全	
2	识图	25	正确识图	
3	列计算式	10	计算式正确	
4	计算结果	40	计算结果正确	

任务五　门窗工程量计算

【任务目标】

能根据工程量计算规则，正确计算门窗工程量。

【任务设置】

例1-14　某住宅用带纱镶木板门45樘，洞门尺寸如图1-20所示，刷底油1遍。计算带纱镶木板门制作、安装、门锁及附件工程量。

例1-15　某商店采用全玻璃自由门，不带纱扇，如图1-21所示。木材为水曲柳，不刷底油，共10樘，计算全玻璃自由门制作和安装工程量。

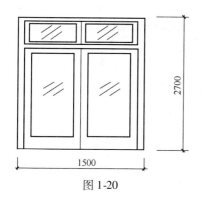

图 1-20

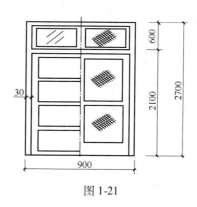

图 1-21

例1-16　如图1-22所示，木质单层玻璃窗上部为半圆形，求其制作安装工程量。

例1-17　如图1-23所示：

M1：安装防火卷帘门安装高度2300mm，卷帘门宽3400mm；

M2：安装木质防火门，框外围尺寸2100mm×2500mm；

M3：安装实木装饰门（平开）框外围尺寸1800mm×900mm；

M4：安装实木装饰门（推拉门）框外围尺寸1800mm×900mm；

M5：安装花格防盗门，框外围尺寸2100mm×1800mm；

试计算各门安装的工程量。

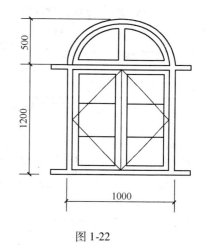

图 1-22

【相关知识】

一、门窗工程内容

1. 门、门框制作安装
2. 窗、窗框制作安装

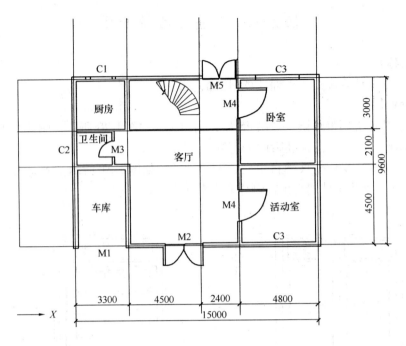

图 1-23

3. 门窗套制作安装

4. 窗帘盒、窗帘轨安装

5. 窗台板制作安装

二、门窗工程量计算规则

1. 普通门（图 1-24）

带亮子门（分死亮子、活亮子）的工程计算方法如下：

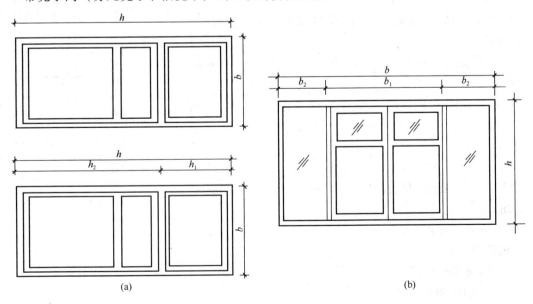

图 1-24

门框：$b \cdot h$

门扇：$b \cdot h$

框上镶玻璃亮子的门，工程量计算方法：

门框：$b \cdot h$

门扇：$b \cdot h_2$

框上安玻璃亮子：$b \cdot h_1$

2. 如窗内有部分不装窗扇

窗框：$b \cdot h$

框上安玻璃：$2b_2 \cdot h$

窗扇：$b_1 \cdot h$

3. 普通窗上部带有半圆窗的工程量应分别按半圆窗和普通窗计算。半圆窗的工程量以普通窗和半圆窗之间的横框的上裁口线为分界线。

4. 木组合窗、天窗按图示的窗框外围面积计算；角钢横撑以图示规格计算质量。

5. 钢窗、彩板门窗、固定无框玻璃均按门窗洞口面积计算。

6. 金属平开门、金属推拉门、铝合金窗、塑钢门窗、金属防盗门窗、金属格栅门窗、成品防火门、电子对讲门、全玻门、半玻门均按框外围面积计算。

7. 夹板装饰门扇制作、木纱门制作安装、金属地弹门安装均按扇外围面积计算。

8. 卷闸门安装按其安装高度×门的实际宽度计算。安装高度算到滚筒顶点。带卷筒罩的按展开面积计算。小门面积不扣除。

9. 防火卷帘门从地（楼）面算到端板顶点×设计宽度。

10. 电子感应门及转门按樘计算。

11. 电动伸缩门按樘计算。

12. 门窗套、筒子板按展开面积计算。门窗贴脸、窗帘盒、窗帘轨按延长米计算。

13. 窗台板按实铺面积计算。

14. 包门饰面按单面扇面积计算。包门窗框按延长计算。

15. 玻璃安装按框外围面积计算。

【任务实施】

一、完成门窗工程量计算任务

例 1-14 解答：

带纱镶木板门制作安装工程量 $= 0.90 \times 2.70 \times 45 = 109.35 \mathrm{m}^2$

纱门扇制作安装工程量 $= (0.90 - 0.03 \times 2) \times (2.10 - 0.03) \times 45 = 78.25 \mathrm{m}^2$

镶木板门普通门锁安装工程量 $= 45$ 把

镶木板门配件工程量 $= 45$ 樘

纱门扇配件工程量 $= 45$ 扇

例 1-15 解答：

全玻璃自由门框工程量 $= 2.7 \times 1.5 \times 10 = 40.50 \mathrm{m}^2$

全玻璃自由门扇工程量 $= 2.7 \times 1.5 \times 10 = 40.50\text{m}^2$

例 1-16 解答：

矩形单层玻璃窗工程量为：

$$S1 = 1.00 \times 1.20 = 1.20\text{m}^2$$

半圆形单层玻璃窗工程量为：

$$S2 = 3.14 \times 0.5 \div 2 = 0.785\text{m}^2$$

该玻璃窗的工程量为：

$$S = S1 + S2 = 1.2 + 0.785 = 1.985\text{m}^2$$

例 1-17 解答：

M1：安装防火卷帘门的工作量 $= 2.3 \times 3.4 = 7.82\text{m}^2$

M2：安装木质防火门的工作量 $= 2.1 \times 2.5 = 5.25\text{m}^2$

安装门框的工作量 $= 2.1 \times 2.5 = 5.25\text{m}^2$　　小五金 $= 1$ 樘

M3：安装实木装饰门（平开）的工作量 $= 1.8 \times 0.9 = 1.62\text{m}^2$

安装门框的工作量 $= 1.8 \times 0.9 = 1.62\text{m}^2$　　小五金 $= 1$ 樘

M4：安装实木装饰门（推拉门）的工作量 $= 1.8 \times 0.9 \times 2 = 3.24\text{m}^2$

安装门框的工作量 $= 1.8 \times 0.9 \times 2 = 3.24\text{m}^2$　　小五金 $= 1$ 樘

M5：安装花格防盗门的工作量 $= 2.1 \times 1.8 = 3.78\text{m}^2$

二、门窗工程量计算训练

训练 1　某办公用房门连窗，不带纱扇，门上安装普通门锁，设计洞口尺寸如图 1-25 所示，共 12 樘。计算门连窗制作、安装、门锁及门窗配件工程量。

训练 2　某住宅卫生间胶合板门，每扇均安装通风小百叶，刷底油一遍，设计尺寸如图 1-26 所示，共 45 樘。计算带小百叶胶合板门制作安装工程量。

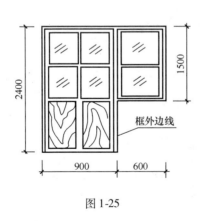

图 1-25

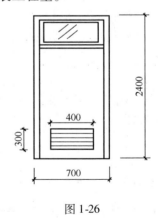

图 1-26

训练要求：

1. 按要求完成工程量计算；纸张统一用 A4 纸；

2. 图纸由教师提供；

3. 工程量计算要准确；

4. 要求当堂课完成。

【任务考核】

结合门窗工程量，依照表1-6的要求，计算训练题进行任务考核。

表1-6　评　分　标　准

序号	考核项目	配分	考核标准	得分
1	计算项目	25	计算项目齐全	
2	识图	25	正确识图	
3	列计算式	10	计算式正确	
4	计算结果	40	计算结果正确	

任务六　其他工程工程量计算

【任务目标】

能根据工程量计算规则，正确计算柜类、暖气罩、压条、装饰线等工程的工程量。

【任务设置】

例1-18　某卫生间洗漱台平面图如图1-27所示，1500mm×1050mm 车边镜，20mm 厚孔雀绿大理石台饰。试计算大理石洗漱台及挂镜线工程量。

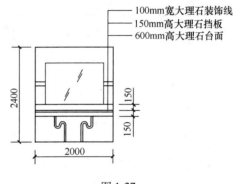

图1-27

【相关知识】

一、其他工程内容

1. 柜类货架制作

2. 暖气罩安装

3. 浴厕配件安装

4. 压条，装饰线制作安装

二、其他工程工程量计算规则

1. 货架、柜橱类均以正立面的高（包括脚的高度在内）×宽（以平方米计算）。

2. 暖气罩按设计图示尺寸以正立面垂直投影面积计算。

3. 大理石洗漱台面按设计图示尺寸以台面外接矩形面积计算，不扣除孔洞、挖弯、削角所占面积。

4. 压条、装饰线条均按设计图示尺寸（以延长米计算）。

【任务实施】

一、完成其他工程工程量计算任务

例1-18 解答：

洗漱台的工程量 = 台面面积 + 挡板面积 + 吊沿面积
$$= 2 \times 0.6 + 0.15 \times (2 + 0.6 + 0.6) + 2 \times (0.15 - 0.02)$$
$$= 1.2 + 0.15 \times 3.2 + 2 \times 0.13 = 1.94 \text{m}^2$$

挂镜线工程量 = 2 - 1.5 = 0.5m

二、其他工程工程量计算训练

某房间有附墙矮柜1600mm×450mm×850mm 3 个，1200mm×400mm×800mm 2 个。试

计算其工程量。

训练要求：

1. 按要求完成工程量计算；纸张统一用 A4 纸；

2. 图纸由教师提供；

3. 工程量计算要准确；

4. 要求当堂课完成。

【任务考核】

结合其他工程量依照表 1-7 的要求计算训练进行任务考核。

表 1-7 评 分 标 准

序号	考 核 项 目	配分	考 核 标 准	得分
1	计算项目	25	计算项目齐全	
2	识图	25	正确识图	
3	列计算式	10	计算式正确	
4	计算结果	40	计算结果正确	

项目二　室内装饰工程定额计价的编制

【学习目标】

学生说明装饰工程预算定额所包含的项目，熟练查找定额，独立完成各种费用的计算，并能进行定额计价预算书的编制。

定额计价法是指根据招标文件，按照国家各建设行政主管部门发布的建设定额的"工程量计算规则"，同时参照省级建设行政主管部门发布的人工工日单价、机械台班单价、材料以及设备价格信息及同期市场价格，直接计算出直接工程费，再按规定的计算方法计算间接费、利润、税金，汇总确定建筑安装工程造价。

建设工程定额是指在正常的施工条件和合理劳动组织、合理使用材料及机械的条件下，完成单位合格产品所必须消耗资源的数量标准，其中的资源主要包括在建设生产过程中所投入的人工、机械、材料和资金等生产要素。建设工程定额反映了工程建设投入与产出的关系，它一般除了规定的数量标准以外，还规定了具体的工作内容、质量标准和安全要求等。建设工程定额是工程建设中各类定额的总称。

一、定额的概念

定额，即规定的额度。是人们根据不同的需要，对一事物规定的数量标准。建设工程定额，即规定的消耗量标准，是指按照国家有关规定的产品标准、设计规范和施工验收规范、质量评定标准，并参考行业、地方标准以及有代表性的工程设计，施工资料确定的工程建设过程中完成规定计量单位产品所消耗的人工、材料、机械等消耗量的标准。这种规定的额度所反映的是在一定的社会生产力发展水平下，完成某项工程建设产品与各种生产消耗之间的特定的数量关系，考虑的是正常的施工条件，大多数施工企业的技术装备程度，施工工艺和劳动组织，反映的是一种社会平均消耗水平。

二、定额的类型

工程建设定额是根据国家一定时期的管理体制和管理制度，根据不同定额的用途和适用范围，由指定的机构按照一定的程序制定的，并按照规定的程序审批和颁发执行。

工程建设定额是工程建设中各类定额的总称，它包括许多种类定额。为了对工程建设定额能有一个全面的了解，可以按照不同的原则和方法对它进行科学的分类。

（一）按生产要素分类

可以把工程建设定额分为劳动消耗定额、机械消耗定额和材料消耗定额三种。

1. 劳动消耗定额

简称劳动定额。劳动消耗定额是完成一定的合格产品（工程实体或劳务）规定活劳动消耗的数量标准。为了便于综合和核算，劳动定额大多采用工作时间消耗量来计算劳动消耗的数量。所以劳动定额主要表现形式是时间定额，但同时也表现为产量定额。

2. 机械消耗定额

我国机械消耗定额是以一台机械一个工作日为计量单位，又称为机械台班定额。机械消耗定额是指为完成一定合格产品（工程实体或劳务）所规定的施工机械消耗的数量标准。机械消耗定额的主要表现形式是机械时间定额，但同时也以产量定额表现。

3. 材料消耗定额

简称材料定额，是指完成一定合格产品所需消耗材料的数量标准。

材料是工程建设中使用的原材料、成品、半成品、构配件、燃料以及水、电等动力资源的统称。材料作为劳动对象构成工程的实体，需用数量很大，种类繁多。所以材料消耗量多少，消耗是否合理，不仅关系到资源的有效利用，影响市场供求状况，而且对建设工程的项目投资、建筑产品的成本控制都起着决定性影响。材料消耗定额，在很大程度上可以影响材料的合理调配和使用。在产品生产数量和材料质量一定的情况下，材料的供应计划和需求都会受材料定额的影响。重视和加强材料定额管理，制定合理的材料消耗定额，是组织材料的正常供应，保证生产顺利进行，合理利用资源，减少积压和浪费的必要前提。

（二）按照定额的编制程序和用途分类

可以把工程建设定额分为施工定额、预算定额、概算定额、概算指标、投资估算指标5种：

1. 施工定额

这是施工企业（建筑安装企业）组织生产和加强管理在企业内部使用的一种定额。属于企业生产定额。它由劳动定额、机械定额和材料定额3个相对独立的部分组成。为适应组织生产和管理的需要，施工定额的项目划分很细，是工程建设定额中分项最细、定额子目最多的一种定额，也是工程建设定额中的基础性定额。在预算定额的编制过程中，施工定额的劳动、机械、材料消耗的数量标准，是计算预算定额中劳动、机械、材料消耗数量标准的重要依据。

2. 预算定额

这是在编制施工图预算时，计算工程造价和计算工程中劳动、机械台班、材料需要量使用的一种定额。预算定额是一种计价性的定额，在工程建设定额中占有很重要的地位。从编制程序看，预算定额是概算定额的编制基础。

3. 概算定额

这是编制扩大初步设计概算时，计算和确定工程概算造价，计算劳动、机械台班、材料需要量所使用的定额。它的项目划分粗细，与扩大初步设计相适应。它一般是预算定额的综合扩大。

4. 概算指标

是在设计的初步设计阶段，编制工程概算，计算和确定工程的初步设计概算造价，计算劳动、机械台班、材料需要量时所采用的一种定额。这种定额的设定和初步设计的深度相适应。一般是在概算定额和预算定额的基础上编制的，比概算定额更加综合扩大。概算指标是控制项目投资的有效工具，它所提供的数据也是计划工作的依据和参考。

5. 投资估算指标

它是在项目建议书和可行性研究阶段编制投资估算、计算投资需要量时使用的一种定额。它非常概略，往往以独立的单项工程或完整的工程项目为计算对象。它的概略程度与可行性研究阶段相适应。投资估算指标往往根据历史的预、决算资料和价格变动等资料编制，但其编制基础仍然离不开预算定额、概算定额。

（三）按照投资的费用性质分类

可以把工程建设定额分为建筑工程定额、设备安装工程定额、建筑安装工程费用定额、工（器）具定额以及工程建设其他费用定额等。

1. 建筑工程定额，是建筑工程的施工定额、预算定额、概算定额和概算指标的统称。

建筑工程，一般理解为房屋和构筑物工程。具体包括一般土建工程、电气工程（动力、照明、弱电）、卫生技术（水、暖、通风）工程、工业管道工程、特殊构筑物工程等。广义上它也被理解为除房屋和构筑物外还包含其他各类工程，如道路、铁路、桥梁、隧道、运河、堤坝、港口、电站、机场等工程。在我国统计年鉴中对于固定资产投资构成的划分，就是根据这种理解设计的。广义的建筑工程概念几乎等同于土木工程的概念。从这一概念出发，建筑工程在整个工程建设中占有非常重要的地位。根据统计资料，在我国的固定资产投资中，建筑工程和安装工程的投资占60%左右。因此，建筑工程定额在整个工程建设定额中是一种非常重要的定额。在定额管理中占有突出的地位。

2. 设备安装工程定额，是安装工程施工定额、预算定额、概算定额和概算指标的统称。设备安装工程是对需要安装的设备进行定位、组合、校正、调试等工作的工程。在工业项目中，机械设备安装和电气设备安装工程占有重要地位。因为生产设备大多要安装后才能运转，不需要安装的设备很少。在非生产性的建设项目中，由于社会生活和城市设施的日益现代化，设备安装工程量也在不断增加。所以设备安装工程定额也是工程建设定额中重要部分。

（四）按主编单位和管理权限分类

工程建设定额可分为全国统一定额、行业统一定额、地区统一定额、企业定额和补充定额五种。

1. 全国统一定额是由国家建设行政主管部门，综合全国工程建设中技术和施工组织管理的情况编制，并在全国范围内执行的定额，如全国统一安装工程定额。

2. 行业统一定额，是考虑到各行业部门专业工程技术特点，以及施工生产和管理水平编制的。一般是只在本行业和相同专业性质的范围内使用的专业定额，如矿井建设工程定额、铁路建设工程定额。

3. 地区统一定额包括省、自治区、直辖市定额。地区统一定额主要是考虑地区性特点和全国统一定额水平做适当调整补充编制的。

4. 企业定额是指由施工企业考虑本企业具体情况，参照国家、部门或地区定额的水平制定的定额。企业定额只在企业内部使用，是企业素质的一个标志。企业定额水平一般应高于国家现行定额，才能满足生产技术发展、企业管理和市场竞争的需要。

5. 补充定额是指随着设计、施工技术的发展，现行定额不能满足需要的情况下，为了补充缺项所编制的定额。补充定额只能在指定的范围内使用，可以作为以后修订定额的基础。

三、定额的特点

1. 科学性

工程建设定额的科学性包括两重含义：一重含义是指工程建设定额和生产力发展水平相适应，反映出工程建设中生产消费的客观规律；另一重含义是指工程建设定额管理在理论、方法和手段上适应现代科学技术和信息社会发展的需要。

工程建设定额的科学性，首先表现在用科学的态度制定定额，尊重客观实际，力求定额水平合理；其次表现在制定定额的技术方法上，利用现代科学管理的成就，形成一套系统的、完整的、在实践中行之有效的方法；第三，表现在定额制定和贯彻的一体化。制定是为了提供贯彻的依据，贯彻是为实现管理的目标，也是对定额的信息反馈。

2. 系统性

工程建设定额是相对独立的系统。它是由多种定额结合而成的有机的整体。它的结构复杂，有鲜明的层次，有明确的目标。

工程建设定额的系统性是由工程建设的特点决定的。按照系统论的观点，工程建设就是庞大的实体系统。工程建设定额是为这个实体系统服务的。因而工程建设本身的多种类、多层次就决定了以它为服务对象的工程建设定额的多种类、多层次。从整个国民经济来看，进行固定资产生产和再生产的工程建设，是由多项工程集合的整体。其中包括农林水利、轻纺、机械、煤炭、电力、石油、冶金、化工、建材工业、交通运输、邮电工程，以及商业物资、科学教育文化、卫生体育、社会福利和住宅工程等。这些工程的建设都有严格的项目划分，如建设项目、单项工程、单位工程、分部分项工程；在计划和实施过程中有严密的逻辑阶段，如规划、可行性研究、设计、施工、竣工交付使用以及投入使用后的维修。与此相适应，必然形成工程建设定额的多种类、多层次。

3. 统一性

工程建设定额的统一性，主要是由国家对经济发展的计划的宏观调控职能决定的。为了使国民经济按照既定的目标发展，就需要借助于某些标准、定额、参数等，对工程建设进行规划、组织、调节、控制。而这些标准、定额、参数必须在一定范围内是一种统一的尺度，才能实现上述职能，才能利用它对项目的决策、设计方案、投标报价、成本控制进行比较和评价。

工程建设定额的统一性按照其影响力和执行范围来看，有全国统一定额、地区统一定额和行业统一定额等；按照定额的制定、颁布和贯彻使用来看，有统一的程序、统一的原则、统一的要求和统一的用途。

在生产资料私有制的条件下，定额的统一性是很难想象的，充其量也只是工程量计算规则的统一和信息提供。我国工程建设定额的统一性和工程建设本身的巨大投入和巨大产出有关。它对国民经济的影响不仅表现在投资的总规模和全部建设项目的投资效益等方面，而且往往表现在具体建设项目的投资数额及其投资效益方面。因而需要借助统一的工程建设定额进行社会监督。这一点和工业生产、农业生产中的工时定额、原材料定额也是不同的。

4. 权威性

工程建设定额具有很大权威性，这种权威性在一些情况下具有经济法规性质。权威性反映统一的意志和统一的要求，也反映信誉和信赖程度以及反映定额的严肃性。

工程建设定额的权威性的客观基础是定额的科学性。只有科学的定额才具有权威。但是在社会主义市场经济条件下，它必须涉及各有关方面的经济关系和利益关系。赋予工程建设定额以一定的权威性，就意味着在规定的范围内，对于定额的使用者和执行者来说，不论主观上愿意不愿意，都必须按定额的规定执行。在当前市场不规范的情况下，赋予工程建设定额以权威性是十分重要的。但在竞争机制引入工程建设的情况下，定额的水平必然会受市场供求状况的影响，从而在执行中可能产生定额水平的浮动。

应该提出的是，在社会主义市场经济条件下，对定额的权威性不应绝对化。定额的科学性会受到人们认识的局限，定额的权威性会受到限制。随着投资体制的改革和投资主体多元化格局的形成，随着企业经营机制的转换，它们都可以根据市场的变化和自身的情况，自主地调整自己的决策行为。一些与经营决策有关的工程建设定额的权威性特征，自然也就弱化了。但直接与施工生产相关的定额，在企业经营制转换和增长方式的要求下，其权威性还必须进一步强化。

5. 稳定性和时效性

工程建设定额中的任何一种都是一定时期技术发展和管理水平的反映，因而在一段时间内都表现出稳定的状态。稳定的时间有长有短，一般在 5～10 年。保持定额的稳定性是维护定额的权威性所必须的，更是有效地贯彻定额所必须的。如果某种定额处于经常修改变动之中，那么必然造成执行中的困难和混乱，使人们感到没有必要去认真对待它，很容易导致定额权威性的丧失。工程建设定额的不稳定也会给定额的编制工作带来极大的困难。但是工程建设定额的稳定性是相对的。当生产力向前发展了，定额就会与已经发展了的生产力不相适应。这样，这原有的作用就会逐步削弱以致消失，需要重新编制或修订。

任务一　装饰工程预算定额使用

【任务目标】

能编制工程清单，做到不缺项，且项目编码、项目名称、计量单位准确。

【任务设置】

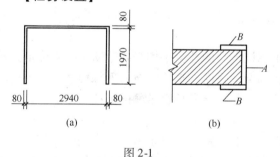

图 2-1

例 2-1　如图 2-1 所示，起居室的门洞设计做门套装饰。筒子板构造：细木工板基层，榉木装饰面层，筒子板宽 300mm。贴脸构造：80mm 榉木装饰线条。试查找相应定额，并计算筒子板、贴脸的工程量及工程费用。

【相关知识】

装饰工程预算定额是指在正常的施工技术和组织条件下，规定完成一定计量单位装饰工程的分项工程或结构构件所必需的人工（工日）材料、机械（台班）以及资金合理消耗和价值货币表现的数量标准。

一、装饰工程预算定额的作用

1. 预算定额是编制施工图预算、确定和控制建筑安装工程造价的基础

施工图预算是施工图设计文件之一，是控制和确定建筑安装工程造价的必要手段。编制施工图预算，除设计文件决定的建设工程的功能、规模、尺寸和文字说明是计算分部分项工程量和结构构件数量的依据外，预算定额是确定一定计量单位工程人工、材料、机械消耗量的依据，也是计算分项工程单价的基础。

2. 预算定额是对设计方案进行技术经济比较、技术经济分析的依据

设计方案在设计工作中居于中心地位。设计方案的选择要满足功能、符合设计规范，既要技术先进又要经济合理。根据预算定额对方案进行技术经济分析和比较，是选择经济合理

设计方案的重要方法。对设计方案进行比较，主要是通过定额对不同方案所需人工、材料和机械台班消耗量等进行比较。这种比较可以判明不同方案对工程造价的影响。对于新结构、新材料的应用和推广，也需要借助预算定额进行技术分项和比较，从技术与经济的结合上考虑普遍采用的可能性和效益。

3. 预算定额是施工企业进行经济活动分项的参考依据

实行经济核算的根本目的，是用经济的方法促使企业在保证质量和工期的条件下，用较少的劳动消耗取得预定的经济效果。中国的预算定额仍决定着企业的收入，企业必须以预算定额作为评价企业工作的重要标准。企业可根据预算定额，对施工中的劳动、材料、机械的消耗情况进行具体的分析，以便找出低工效、高消耗的薄弱环节及其原因。为实现经济效益的增长由粗放型向集约型转变，提供对比数据，促进企业提供在市场上的竞争的能力。

4. 预算定额是编制标底、投标报价的基础

在深化改革中，在市场经济体制下预算定额作为编制标底的依据和施工企业报价的基础的作用仍将存在，这是由于它本身的科学性和权威性决定的。

5. 预算定额是编制概算定额和估算指标的基础

概算定额和估算指标是在预算定额基础上经综合扩大编制的，也需要利用预算定额作为编制依据，这样做不但可以节省编制工作中的人力、物力和时间，收到事半功倍的效果，还可以使概算定额和概算指标在水平上与预算定额一致，以避免造成执行中的不一致。

二、预算定额编制

（一）编制原则

1. 社会平均水平原则

预算定额理应遵循价值规律的要求，按生产该产品的社会平均必要劳动时间来确定其价值。也就是说，在正常的施工条件下，以平均的劳动强度、平均的技术熟练程度，在平均的技术装备条件下，完成单位合格产品所需的劳动消耗量就是预算定额的消耗水平。

2. 简明适用原则

预算定额要在适用的基础上力求简明。由于预算定额与施工定额有着不同的作用，所以对简明适用的要求也是不同的，预算定额是在施工定额的基础上进行扩大和综合的。它要求有更加简明的特点，以适应简化预算编制工作和简化建设产品价格的计算程序的要求。当然，定额的简易性也应服务于它对适用性的要求。

3. 统一性和因地制宜原则

所谓统一性，就是从培育全国统一市场规范计价行为出发，定额的制定、实施由国家归口管理部门统一负责国家统一定额的制定或修订，有利于通过定额管理和工程造价的管理实现对建筑安装工程价格的宏观调控。通过统一定额使工程造价具有统一的计价依据，也使考核设计和施工的经济效果具备同一尺度。

所谓因地制宜，即在统一基础上的差别性。各部门和省市（自治区）、直辖市主管部门可以在自己管辖的范围内，依据部门（地区）的实际情况，制定部门和地区性定额、补充性制度和管理办法，以适应中国幅员辽阔，地区间发展不平衡和差异大的实际情况。

4. 专家编审责任制原则

编制定额应以专家为主，这是实践经验的总结，编制要有一支经验丰富、技术与管理知识全面、有一定政策水平的、稳定的专家队伍。通过他们的辛勤工作才能积累经验，保证编制定额的准确性。同时要在专家编制的基础上，注意走群众路线，因为广大建筑安装工人是施工生产的实践者，也是定额的执行者，最了解生产实际和定额的执行情况及存在问题，这有利于以后在定额管理中对其进行必要的修订和调整。

（二）编制方法

预算定额中人工工日消耗量是指在正常施工条件下，生产单位合格产品所必须消耗的人工工日数量，是由分项工程所综合的各个工序劳动定额包括的基本用工、其他用工两部分组成的。

基本用工是指完成单位合格产品所必须消耗的技术工种用工。包括：完成定额计量单位的主要用工、按劳动定额规定应增加的用工量。

其他用工包括超运距用工、辅助用工、人工幅度差。

人工幅度差是预算定额和劳动定额的差额。主要是指在劳动定额中未包括而在正常施工情况下不可避免但又很难准确计算的用工和各种工时损失。

人工幅度差包括6个面：

1. 工序交叉、搭接停歇的时间损失；

2. 机械临时维修、小修移动不可避免的时间损失；

3. 工程检验影响的时间损失；

4. 施工收尾及工作面小影响的时间损失；

5. 施工用水、电管线移动影响的时间损失；

6. 工程完工、工作面转移造成的时间损失。

其计算采用差系数的方法，即：

人工幅度差 =（基本用工 + 辅助用工 + 超运距用工）× 人工幅度差系数

人工幅度差系数，一般土建工程为 10% ~ 15%，设备安装工程为 12%。

砂浆、混凝土搅拌机由于按小组配用，以小组产量计算机械台班产量，不另增加机械幅度差。

预算定额机械耗用台班 = 施工定额机械耗用台班 ×（1 + 机械幅度差系数）。

三、装饰工程预算定额的构成

总说明：

1. 预算定额的适用范围、指导思想及目的作用。

2. 预算定额的编制原则、主要依据及上级下达的有关定额修编文件。

3. 使用本定额必须遵守的规则及适用范围。

4. 定额所采用的材料规格、材质标准，允许换算的原则。

5. 定额在编制过程中已经包括及未包括的内容。

6. 各分部工程定额的共性问题的有关统一规定及使用方法。

工程量计算规则

工程量是核算工程造价的基础，是分析建筑工程技术经济指标的重要数据，是编制计划和统计工作的指标依据。必须根据国家有关规定，对工程量的计算做出统一的规定。

分部工程说明：

1. 分部工程所包括的定额项目内容。

2. 分部工程各定额项目工程量的计算方法。

3. 分部工程定额内综合的内容及允许换算和不得换算的界限及其他规定。

4. 使用本分部工程允许增减系数范围的界定。

分项工程说明：

1. 在定额项目表表头上方说明分项工程工作内容。

2. 本分项工程包括的主要工序及操作方法。

定额项目表：

1. 分项工程定额编号（子目号）。

2. 分项工程定额名称。

3. 预算价值（基价）。其中包括：人工费、材料费、机械费。

4. 人工表现形式。包括工日数量、工日单价。

5. 材料（含构配件）表现形式。材料栏内一系列主要材料和周转使用材料名称及消耗数量。次要材料一般都以其他材料形式以金额"元"或占主要材料的比例表示。

6. 施工机械表现形式。机械栏内有两种列法：一种是列主要机械名称规格和数量，次要机械以其他机械费形式以金额"元"或占主要机械的比例表示。

7. 预算定额的基价。人工工日单价、材料价格、机械台班单价均以预算价格为准。

8. 说明和附注。在定额表下说明应调整、换算的内容和方法。

人工消耗指标：

预算定额中规定的人工消耗量指标，以工日为单位表示，包括基本用工、超运距用工、辅助用工和人工幅度差等内容。其中，基本用工是指完成定额计量单位分项工程的各工序所需的主要用工量；超运距用工是指编制预算定额时，考虑的场内运距超过劳动定额考虑的相应运距所需要增加的用工量；辅助用工是指在施工过程中对材料进行加工整理所需的用工量。这三种用工量按国家建设行政主管部门制定的劳动定额的有关规定计算确定。人工幅度差是指在编制预算定额时加算的、劳动定额中没有包括的、在实际施工过程中必然发生的零星用工量，这部分用工量按前三项用工量之和的一定百分比计算确定。

材料消耗指标：

预算定额中规定的材料消耗量指标，以不同的物理计量单位或自然计量单位为单位表示，包括净用量和损耗量。净用量是指实际构成某定额计量单位分项工程所需要的材料用量，按不同分项工程的工程特征和相应的计算公式计算确定。损耗量是指在施工现场发生的材料运输和施工操作的损耗，损耗量在净用量的基础上按一定的损耗率计算确定。用量不多、价值不大的材料，在预算定额中不列出数量，合并为"其他材料费"项目，以金额表示，或者以占主要材料的一定百分比表示。

机械消耗指标：

预算定额中规定的机械消耗量指标，以台班为单位，包括基本台班数和机械幅度差。基本台班数是指完成定额计量单位分项工程所需的机械台班用量,基本台班数以劳动定额中不同机械的台班产量为基础计算确定。机械幅度差是指在编制预算定额时加算的零星机械台班用量,这部分机械台班用量按基本台班数的一定百分比计算确定。

四、套用定额时应注意的几个问题

1. 查阅定额前,应首先认真阅读定额总说明,分部工程说明和有关附注内容;要熟悉和掌握定额的适用范围,定额已考虑的因素以及有关规定。

2. 要明确定额中的用语和符号的含义。

3. 要正确地理解和熟记建筑面积计算规则和各个分部工程量计算规则中所指出的计算方法,以便在熟悉施工图的基础上,能够迅速准确地计算各分项工程(或配件、设备)的工程量。

4. 要了解和记忆常用分项工程定额所包括的工作内容。人工、材料、施工机械台班消耗数量和计算单位及有关附注的规定,做到正确地套用定额项目。

5. 要明确定额换算范围,正确应用定额附录资料,熟练进行定额项目的换算和调整。

五、定额项目的选套方法

1. 预算定额的直接套用

当施工图设计的工程项目内容,与所选套的相应定额内容一致时,必须按照定额的规定直接套用定额。在编制装饰装修工程施工图预算、选套定额项目和确定单位预算价值时,绝大部分属于这种情况。

2. 套用换算后的定额项目

施工图设计的工程项目内容,与选套的相应定额项目规定的内容不相一致时,如果定额规定允许换算或调整时,则应在定额规定范围内换算或调整,套用换算后的定额项目,对换算后的定额项目编号应加括号,并在括号右下角注明"换"字,以示区别。

【任务实施】 装饰工程定额套用

一、要求

1. 在实训老师的要求下认真阅读实训指导书,明确实训任务。

2. 听指导老师介绍定额构成及查阅方法,识读《计价定额》。

3. 根据工程量及查找结果计算出分项工程费用。用 A4 纸打印。

4. 实训结束时,每人交实训成果文件一份并参与实训考核。

二、实施程序

1. 资料准备

《某省装饰装修工程计价定额》

2. 查找定额

根据例题查找相应的定额项目,确定定额编号、项目名称、计量单位、直接套用该分项工程的定额基价,计算费用。

例2-1 解答:安装筒子板的工程量 = $(0.8 \times 3 + 2.94 + 1.97) \times 0.3 = 2.193 \text{m}^2$

分项工程费 = $7685.61 \times 5.34 \div 100 = 410.41$ 元

安装贴脸的工程量 = $(0.8 \times 3 + 2.94 + 1.97) \times 2 = 14.62 \text{m}$

分项工程费 = $998.99 \times 14.62 \div 100 = 146.05$ 元

3. 饰面夹板筒子板（表2-1）

表2-1

工作内容：包括钉基层、安装等操作过程　　　　　　　　　　　　计量单位：100m²

清单编码			020407006	
定额编码			4-182	
项目名称			细木工板贴榉木板筒子板	
基价（元）			7685.61	
其中	人工费（元）		1685.40	
	材料费（元）		6000.21	
	机械费（元）			
名称	单位	单价	数量	
综合工日	工日	53.00	31.800	
材料	小方（白松二等）	m³	920.92	0.100
	榉木夹板	m²	21.51	110.000
	细木工板3mm	m²	29.04	105.000
	铁钉	kg	6.61	23.000
	乳白胶	kg	6.10	50.000
	其他材料	%		0.600

4. 门窗木贴脸（表2-2）

表2-2

工作内容：包括钉基层、安装等操作过程　　　　　　　　　　　　计量单位：100m

清单编码			020407004		
定额编码			4-177	4-178	4-179
项目名称			门窗木贴脸		
			宽60~80mm	宽90~100mm	宽110~120mm
基价（元）			998.99	1331.56	1611.13
其中	人工费（元）		106.00	212.00	265.00
	材料费（元）		892.99	1119.56	1346.13
	机械费（元）				
名称	单位	单价	数量		
综合工日	工日	53.00	2.000	4.000	5.000
材料	贴脸80mm	m	8.00	106.000		
	贴脸100mm	—	10.00		106.000	
	贴脸120mm	—	12.00			106.000

5. 计算费用（表2-3）

表2-3

序号	定额编码	项目名称	工程数量	单位	定额基价（元）	合价（元）
1	4-182	安装筒子板	0.053	100m²	7685.61	407.34
2	4-177	安装木贴脸	0.146	100m	998.99	145.85
			合　计			553.19

【任务考核】

布置楼地面、天棚、墙、柱面、门窗等各类分项工程练习题，由学生独立完成定额查找工作，依据表2-4评分标准的要求计算分项工程造价，教师进行考核评分。

表2-4　评　分　标　准

序号	考核项目	配分	考核标准	得分
1	查找定额	40	编码、单价、单位等项目正确	50
2	计算费用	40	费用计算正确	50

【巩固训练】

某教室墙面预粉刷涂料2遍，面积为$120m^2$。试查找定额，并计算工程费用。

任务二　定额计价费用计算及预算书编制

【任务目标】

能编制工程量清单投标报价文件。

【任务设置】

例2-2 某学校合堂教室进行地面装修，地面为陶瓷地面砖（$800mm \times 800mm$）$120m^2$，同质踢脚线$6m^2$结合层用1:3抹灰水泥砂浆，白水泥勾缝，计算其工程各项费用，并编制预算书。

【相关知识】

一、装饰工程定额计价费用组成

（一）直接费：由直接工程费和措施费组成

1. 直接工程费：指在施工过程中耗费的构成工程实体的各项费用。内容包括人工费、材料费、机械使用费。

（1）人工费是指直接从事建筑安装工程施工的生产工人的各项费用。包括：

① 基本工资：指发给生产工人的基本工资。

② 工资性补贴：指按规定标准发放的物价补贴、煤电补贴、肉价补贴、副食补贴、粮油补贴、自来水补贴、粮价补贴、电价补贴、燃料补贴、燃气补贴、市内交通补贴、住房补贴、集中供暖补贴、寒区补贴、地区津贴、林区津贴和流动施工津贴等。

③ 辅助工资：指生产工人年有效施工天数以外非作业天数的工资。包括职工学习、培训期间的工资，调动工作、探亲、休假期间的工资，因气候影响的停工工资，女工哺乳时间的工资，病假在6个月以内的工资及产、婚、丧假期的工资。

④ 职工福利费：是指按规定标准计提的职工福利费用。

⑤ 生产工人劳动保护费：指按标准发放的劳动防护用品的购置费及修理费、徒工服装补贴、防暑降温措施费用等。

（2）材料费

① 材料原价（或供应价格）

② 材料运杂费：指材料自来源地运至仓库或指定堆放地点所发生的全部费用。

③ 运输损耗费：指材料在运输装卸过程中不可避免的损耗。

④ 采购及保管费：指为组织采购、供应和保管材料过程中需要的各项费用。包括：采购费、仓储费、工地保管费、仓储耗费等。

（3）施工机械使用费：指施工机械作业所发生的机械使用费、机械安装拆除费和场外运输费。包括：

① 折旧费：指施工机械在规定的使用年限内，陆续收回其原值及购置资金的时间价值。

② 大修理费：指在施工机械按规定的大修理间隔台班进行必要的大修理，以恢复其正常功能所需的费用。

③ 经常修理费：指施工机械除大修理以外的各级保养和临时故障排除所需的费用。包括为保障机械正常运转所需替换设备与随机配备工具附具的摊销和维护费用，机械运转中日常保养所需润滑和擦拭的材料费用及机械停滞期间的维护和保养费用等。

④ 中（小）型机械安装、拆除费和场外运输安、拆费：指施工机械在现场进行安装与拆卸所需的人工、材料、机械和试运转费用以及机械辅助设施的折旧、搭设、拆除等费用。

场外运费：指施工机械整体或分体自停放地点运至施工现场或由一施工地点运至另一施工地点的运输、装卸、辅助材料及架线等费用。

⑤ 人工费：指机上司机（司炉）和其他操作人员的工作日人工费及上述人员在施工机械规定的年工作台班以外的人工费。

⑥ 燃料动力费：指使用施工机械在运转作业中所消耗的燃料（煤、木柴、汽油、柴油）及水、电等的费用。

⑦ 其他费用：指施工机械按国家有关部门规定应缴纳的车船使用税、保险费等。

2. 措施费：指为完成工程项目施工，发生于该工程施工准备和施工过程中的技术、生活、安全、环境保护等方面的非工程实体项目所需的费用。包括：

（1）定额措施费

① 特（大）型机械设备进出场及安、拆费：指机械整体或分体自停放场运至施工现场或由一个施工地点运至另一个施工地点，所发生的机械进出场运输转移费用及机械在施工现场进行安装、拆卸所需的人工费、材料费、机械费、试运转费和安装所需的辅助设施的费用。

② 混凝土、钢筋混凝土模板及支架费：指混凝土施工过程中需要的各种模板、支架等的支、拆、运输费用及模板、支架的摊销（或租赁）费用。

③ 垂直运输费：指施工需要的垂直运输机械的使用费用。

④ 施工排水、降水费：指为确保工程在正常条件下施工，采取各种排水、降水措施所发生的各项费用。

⑤ 建筑物（构筑物）超高费：指建（构）筑物檐高超过20m（或6层）时需要增加的人工和机械降效等费用。

⑥《建设工程工程量清单计价规范》（GB 50500—2013）规定的各专业所列的各项措施费用（不包括室内空气污染测试费、脚手架费）。

（2）通用措施费

① 夜间施工费：指按规范、正常作业所发生的夜班补助费、夜间施工降效、夜间施工照明设备摊销及照明用电等费用。

② 材料、成品、半成品（不包括混凝土预制构件和金属构件）二次搬运费：指因施工

场地狭小（或无堆放地点）等特殊情况而发生的二次搬运费用。

③ 已完工程及设备保护费：指竣工验收前，对已完工程及设备采取保护措施所发生的费用。

④ 工程定位、复测、点交、清理费：指工程的定位、复测、点交、场地清理、门窗洗刷、垃圾运输等费用。

⑤ 生产工具用具使用费：指在施工生产中所需不属于固定资产的生产工具及检验用具等的购置、摊销和维修费，以及支付给工人自备工具的补贴费用。

⑥ 雨季施工费：指在雨季施工所增加的费用。包括防雨措施、排水、功效降低等费用。

⑦ 冬期施工费：指在冬季施工时，为确保工程质量所增加的费用。包括人工费、人工降效费、材料费、保温设施（包括炉具设施）费、人工室内外作业临时取暖燃料费、建筑物门窗洞口封闭等费用。不包括电加热法养护混凝土、混凝土蒸汽养护发、暖棚法施工及越冬工程基础的维护、保护费，发生时另行计算。

⑧ 检验试验费：指按规范要求对建筑材料、构件和建筑安装物进行检验、检查时所发生的费用，包括自设实验室进行实验所耗费的材料和化学药品等费用。不包括新结构、新材料的试验费，对构件做破坏性实验及其他特殊要求检验试验的费用。

⑨ 室内空气污染测试费：指按规范要求对室内环境质量的有关含量指标进行检测所发生的费用。

⑩ 地上、地下设施建（构）筑物的临时保护设施费：指在施工过程中，对原有的地上、地下设施和建（构）筑物采取保护措施所发生的费用。

⑪ 赶工施工费：指发包人要求工期比合同工期提前，承包人为缩短工期所发生的各种措施（包括掺入的外加剂）费用。

（二）企业管理费：指企业组织施工生产和经营管理所需费用。包括：

1. 管理人员工资：指管理人员的基本工资、工资性补贴、职工福利费等。

2. 办公费：指企业管理办公用的文具、纸张、账表、印刷、邮电、书报、会议、水电、通讯、烧水和集体取暖（包括现场临时宿舍取暖）用燃料等费用。

3. 差旅交通费：指职工因公出差、调动工作的差旅费、住勤补助费、市内交通费和误餐补助费、职工探亲路费、劳动力招募费、职工离退休、退职一次性路费，工伤人员就医路费，工地转移费以及管理部门使用的交通工具的油料、燃料、养路费及牌照费。

4. 固定资产使用费：指管理和实验部门及附属生产单位使用的属于固定资产的房屋、设备仪器等的折旧、大修、维修或租赁费。

5. 工具用具使用费：指管理使用的不属于固定资产的工具、器具、家具、通讯工具、交通工具和检验、试验、测绘用具等的购置、维修和摊销费。

6. 劳动保险费：指支付离退休职工的易地安家补助费、职工退职金、六个月以上的病假人员工资、职工死亡丧葬补助费、抚恤费、按规定支付给离休干部的各项经费。

7. 工会经费：指企业按这个工资总额计提的工会经费。

8. 职工教育经费：指企业为职工学习先进技术、提高文化水平，按职工工资总额计提的费用。

9. 财产保险费：指施工管理用财产、车辆保险费用。

10. 财务费：指企业为筹集资金而发生的各项费用。

11. 房产税等税金：指企业按规定缴纳的房产税、车船使用税、土地使用税及印花税等。

12. 其他管理费：包括技术转让费、技术开发费、业务招待费、绿化费、广告费、公证费、法律顾问费、审计费、咨询费、防洪保安费、政府价格调节基金等。

（三）利润：指区域完成承包工程所获得的利润

（四）其他费用

1. 人工费价差：指在施工合同中约定或施工实施期间省建设行政主管部门发布的人工单价与本费用定额规定标准的差价。

2. 材料费价差：指在施工实施期间材料实际价格（或信息价格、价差系数）与省计价定额中材料价格的差价。

3. 机械费价差：指在施工实施期间省建设行政主管部门发布的机械费价格与省计价定额中机械费价格的差价。

4. 暂列金额：指发包人暂定并包括在合同价款中的一笔款项。用于施工合同签订时尚未确定或者不可预见的所需材料、设备、服务的采购，施工中可能发生的工程变更、合同约定调整因素出现时的工程款调整以及发生的索赔、现场签证确认等的费用。

5. 暂估价：指发包人提供的用于支付必然发生但暂时不能确定价格的材料单价以及专业工程的金额。

6. 计日工：指承包人在施工过程中，完成发包人提出的施工图纸以外的零星项目或工作所需的费用。

7. 总承包服务费：指总承包人为配合协调发包人进行的工程分包、自行采购的设备、材料等进行管理、服务（如分包人使用总包人的脚手架、垂直运输、临时设施、水电接驳等）以及施工现场管理、竣工资料汇总整理等服务所需的费用。

（五）安全文明施工费

指按照国家有关规定和建筑施工安全规范、施工现场环境与卫生标准，购置施工安全防护用具、落实安全施工措施以及改善安全生产条件所需的费用。

内容包括：

1. 环境保护费：包括主要道路及材料场地的硬化处理、裸露的场地和集中堆放的土方采取覆盖、固化或绿化等措施、土方作业采取的防止扬尘措施、土方（渣土）和垃圾运输采取的覆盖措施、水泥和其他易飞扬的细颗粒建筑材料密封存放或采取覆盖措施、现场混凝土搅拌所需费用、现场存放的油料和化学溶剂等物品的库房其地面应做的防渗漏处理费用、食堂设置的隔离池费用、化粪池的抗渗处理费用、上下水管线设置的过滤网费用；降低噪声措施所需费用等。

2. 文明施工费：包括"五板一图"；现场围挡的墙面美化（内外粉刷、标语等）、压顶装饰，其他临时设施的装饰装修美化措施；符合卫生要求的饮水设备、淋浴、消毒等设施、防燃煤气中毒、防蚊虫叮咬等措施及现场绿化费用。

3. 安全施工费：包括"四口"（楼梯口、电梯口、通道口、预留口）的封闭、防护栏杆；高处作业悬挂安全带悬索或其他设施，施工机具安全防护而设置防护棚、防护门（栏杆）；起重机、塔吊等起重设备（含井架、门架）及外用电梯的安全防护措施；施工安全防护通道的费用。

4. 临时设施费：设置企业为进行高处施工所必须搭设的生活和生产用的临时建筑物、构筑物和其他设施等费用。

临时建筑物、构筑物：包括办公室、宿舍、食堂（制作间灶台及其周边贴瓷砖、地面的硬化和防滑处理、排风设施和冷藏设施）、厕所（水冲式或移动式、地面的硬化处理）、淋浴间、开水房、文体活动室（场地）、密闭式垃圾站（或容器）、盥洗设施、诊疗所、仓库、加工厂、搅拌站、水塔等。

其他临时设施：包括单幢建筑物、构筑物边缘50m范围内的临时道路（不包括场内运输的主干线道路）、供电管线、供排水管道，施工现场采用彩色、定型钢板、砖、混凝土砌块等围挡和灯箱式安全门、门卫室等。

临时设施费用：包括临时设施的搭、维修、拆除或摊销费用。

由场外水源、电源、热源敷设到施工组织设计确定的施工现场指定地点的固定管线和施工现场必须临时设置水塔、水井、发电机等设施不包括在临时设施费用内，发生时另行计算，由发包人负责并承担费用。

临时设施全部或部分由发包人提供时，承包人仍计取临时设施费，但应向发包人支付使用租金，各种库房和临时房屋租金标准由双方在合同中约定。

5. 防护用品等费用：配备必要的应急救援器材、设备的购置费及摊销费用；重大危险源、重大事故隐患的评估、整改费用、监控费用、安全生产检查与评价费用；起重设备安全监控系统费用；进行应急救援演练费用以及其他与安全生产直接相关的费用。

6. 脚手架费：指施工需要的各种脚手架搭、拆、运输费用及脚手架的摊销（或租赁）费用。包括综合脚手架（或单项脚手架）、垂直防护架、垂直封闭防护、水平防护架等费用。

（六）规费

指政府和有关权力部门规定必须缴纳的，应计入建筑安装工程造价的费用。包括：

1. 养老保险费：指企业按规定标准为职工缴纳的基本养老保险费。

2. 医疗保险费：指企业按规定标准为职工缴纳的基本医疗保险费。

3. 失业保险费：指企业按规定标准为职工缴纳的失业保险费。

4. 工伤保险费：指企业按规定标准为职工缴纳的工伤保险费。

5. 生育保险费：指企业按规定标准为职工缴纳的生育保险费。

6. 住房公积金：指企业按规定标准为职工缴纳的住房公积金。

7. 危险作业意外伤害保险费：指按照《中华人民共和国建筑法》（以下简称《建筑法》）的规定，企业为从事危险作业的建筑安装施工人员支付的意外伤害保险费。

8. 工程排污费：指企业按规定标准缴纳的工程排污费。

（七）税金

指国家税法规定的应计入建筑安装工程造价内的营业税、城市维护建设税及教育费附加等。

二、装饰工程定额计价编制依据

1. 施工图纸，有关标准图，图纸会审记录

2. 预算定额（或单位估价表）

3. 施工组织设计（或施工方案）

4. 现行材料预算的价格、取费标准

5. 工程合同或协议

6. 预算工作手册

三、装饰工程定额计价费用计算流程（表2-5）

表2-5

序号	费用名称	计算式	备注
（一）	分部分项工程费	按计价定额实体项目计算的基价之和	
（A）	其中:计费人工费	∑工日消耗量×人工单价	
（二）	措施费	(1)+(2)	
（1）	定额措施费	按计价定额措施项目计算的基价之和	
（B）	其中:计费人工费	∑工日消耗量×人工单价	
（2）	通用措施费	[(A)+(B)]×费率	
（三）	企业管理费	[(A)+(B)]×费率	
（四）	利润	[(A)+(B)]×费率	
（五）	其他费用	(3)+(4)+(5)+(6)+(7)+(8)+(9)	
（3）	人工费价差	合同约定或省建设行政主管部门发布的人工单价	
（4）	材料费价差	材料实际价格(或信息价格、价差系数)与省计价定额中材料价格的(±)差价	采用固定价格时可以计算风险费(相应材料费×费率)
（5）	机械费价差	省建设行政主管部门发布的机械费价格与省计价定额中机械费的(±)差价	采用固定价格时可以计算风险费(相应机械费×费率)
（6）	暂列金额	（一）×费率	工程结算时按实际调整
（7）	专业工程暂估价	根据工程情况确定	工程结算时按实际调整
（8）	计日工	根据工程情况确定	工程结算时按实际调整
（9）	总承包服务费	供应材料费用、设备安装费用或单独分包专业工程的(分部分项工程费+措施费+企业管理费+利润)×费率	
（六）	安全文明施工费	(10)+(11)	
（10）	环境保护等五项费用	[（一）+（二）+（三）+（四）+（五）]×费率(五项单算之和)	工程结算时按评价、核定的标准计算
（11）	脚手架费	按计价定额项目计算	
（七）	规费	[（一）+（二）+（三）+（四）+（五）]×费率	工程结算时按核定的标准计算
（八）	税金	[（一）+（二）+（三）+（四）+（五）+（六）+（七）]×税率	
（九）	单位工程费用	（一）+（二）+（三）+（四）+（五）+（六）+（七）+（八）	

四、装饰工程定额计价预算书构成

1. 封面

2. 扉页

3. 总说明

4. 单位工程费用计算表

5. 分部分项工程费用计算表

6. 定额措施项目费用计算表

7. 通用措施费用计算表

8. 其他项目费用计算表

9. 暂列金额明细表

10. 材料暂估单价明细表

11. 专项工程暂估价明细表

12. 总承包服务费明细表

13. 安全文明施工费计算表

14. 规费、税金计算表

15. 主材价格报价表

16. 主要材料用量统计表

【任务实施】

例 2-2 解答：

一、要求

1. 在实训老师的要求下认真阅读实训指导书，明确实训任务。

2. 听指导老师介绍定额计价经验，识读《装饰装修工程计价定额》。

3. 根据工程量，给出该室内装饰工程总报价，用 A4 纸打印。

4. 实训结束时，每人交实训成果文件一份并参与实训考核，装订成册交给实训指导教师。

二、实施程序

1. 资料准备

（1）准备实训用的"×××房间"装饰装修工程设计图纸。

（2）编制依据：《某省装饰装修工程计价定额》《某省建设工程费用定额》等。

2. 计算费用

（1）熟悉施工图纸，了解施工方案，准备有关定额与文件，明确投标报价编制范围。

（2）分部分项工程量计算；

①根据图纸及定额列出工程项目；

②计算和分项工程的工程数量。

（3）计算单位工程费用

① 计算分部分项工程费用：

$$人工费 = \sum（预算定额基价人工费 \times 项目工程量）$$

$$材料费 = \sum（预算定额基价材料费 \times 项目工程量）$$

$$施工机械使用费 = \sum（预算定额基价机械费 \times 项目工程量）$$

② 计算措施费：

定额措施费 = ∑定额措施项目基价

通用措施费 = 人工费之和 × 通用措施率

③ 计算企业管理费 = 人工费之和 × 企业管理费率

④ 计算利润 = 人工费之和 × 利润率

⑤ 计算其他费用 = 其他费用之和

⑥ 计算安全文明施工费

环境保护等 5 项费用 = (分部分项工程费 + 措施费 + 企业管理费 + 利润 + 其他费用) × 费率

⑦ 计算规费 = (分部分项工程费 + 措施费 + 企业管理费 + 利润 + 其他费用) × 费率

⑧ 计算税金 = (分部分项工程费 + 措施费 + 企业管理费 + 利润 + 其他费用 + 安全文明施工费 + 规费) × 税率

⑨ 计算单位工程费用 = 分部分项工程费 + 措施费 + 企业管理费 + 利润 + 其他费用 + 安全文明施工费 + 规费 + 税金

3. 编制预算书 (表 2-6 ~ 表 2-21)

表 2-6 封 面

合堂教室地面铺设陶瓷地面砖 工程

投 标 总 价

(投标人：××装修公司)

(单位盖章)

年 月 日

表 2-7 扉 页

投 标 总 价

招 标 人： ×× 职 业 学 院

工 程 名 称：合堂教室地面铺设陶瓷地面砖

投 标 总 价(小写)： 11600.19 元

（大写）： 壹万壹千陆佰元壹角玖分

投 标 人： ×× 装修公司

（单位盖章）

法定代表人

或其授权人：

（签字或盖章）

编制人：

（造价人员签字盖专用章）

时 间： 年 月 日

表2-8 总 说 明

工程名称：合堂教室地面铺设陶瓷地面砖

1. 工程基本情况

工程位于××路，××大街×号。

装修要求：地面为陶瓷地面砖（800mm×800mm）120m²，同质踢脚线6m²结合层用1:3抹灰水泥砂浆，白水泥勾缝。

2. 预算编制依据

（1）××职业学院合堂教室施工图纸（1张）。

（2）某省装饰装修工程计价定额。

（3）某省建设工程费用定额。

（4）××职业学院合堂教室施工组织设计。

（5）工程承包合同

3. 取费标准：

企业管理费按10%计取；利润按20%计取；安全文明施工费按1.07%计取；人工费单价按53.00元/工日计取。

表 2-9 单位工程费用计算表

工程名称：合堂教室地面铺设陶瓷地面砖

序号	汇总内容	金额	其中：暂估价（元）
1	分部分项工程	9335.71	
1.1	其中计费人工费	2002.35	
2	措施费	700.82	
2.1	定额措施费		
2.2	通用措施费	700.82	
3	企业管理费	200.24	
4	利润	400.47	
5	其他费用		
5.1	暂列金额		
5.2	专业工程暂估价		
5.3	计日工		
5.4	总承包服务费		
6	安全文明施工作费	113.82	
6.1	环境保护等5项费用	113.82	
6.2	脚手架费		
7	规费	461.66	
8	税金	378.47	
	合计	11591.19	

表 2-10 分部分项工程费用计算表

工程名称：合堂教室地面铺设陶瓷地面砖

序号	定额编号	分部分项工程名称	工程量 单位	工程量 数量	价值 定额基价	价值 总价	人工费 单价	人工费 金额	材料费 单价	材料费 金额	机械费 单价	机械费 金额
1	1-59	陶瓷地砖	100m²	1.2	7421.04	8950.29	1553.43	1864.12	5859.88	7031.86	7.73	9.28
2	1-156	陶瓷地砖踢脚线	100m²	0.06	6423.70	385.42	2303.91	138.23	4113.34	246.80	6.45	0.39
	本页小计											
	合计					9335.71		2002.35		7278.66		9.67

表 2-11 定额措施项目费用计算表

工程名称：合堂教室地面铺设陶瓷地面砖

序号	定额编号	分部分项工程名称	工程量		价值		其中					
			单位	数量	定额基价	总价	人工费		材料费		机械费	
							单价	金额	单价	金额	单价	金额
	本页小计											
	合　计											

表 2-12 通用措施费用计算表

工程名称：合堂教室地面铺设陶瓷地面砖

序号	项目名称	计费基础	费率（%）	金额（元）
1	夜间施工费	计费人工费		
2	二次搬运费	计费人工费	0.21	420.49
3	已完工及设备保护费	计费人工费		
4	工程定位、复测、点交、清理费	计费人工费		
5	生产工具用具使用费	计费人工费	0.14	280.33
6	雨季施工费	计费人工费		
7	冬期施工费	计费人工费		
8	检验试验费	计费人工费		
9	室内空气污染测试费	根据实际情况		
10	地上、地下设施，建筑物的临时设施费	根据实际情况		
	合　计			700.82

表 2-13 其他项目费用计算表

工程名称：合堂教室地面铺设陶瓷地面砖

序号	项目名称	计量单位	金额（元）	备注
1				明细详见表
2			—	
2.1				明细详见表
2.2				明细详见表
3				明细详见表
	合　计			

注：材料暂估价计入相应定额项目单价，此处不汇总。

表2-14 暂列金额明细表

工程名称：合堂教室地面铺设陶瓷地面砖

序号	项目名称	计量单位	金额（元）	备注
1				
2				
3				
合　　计				

注：投标人按招标人提供的项目金额计入投标报价中。

表2-15 材料暂估单价明细表

工程名称：合堂教室地面铺设陶瓷地面砖

序号	材料名称、规格、型号	计量单位	单价（元）	备注
1				
2				
3				

注：投标人按招标人提供的材料单价计入相应定额项目单价报价中。

表2-16 专项工程暂估价明细表

工程名称：合堂教室地面铺设陶瓷地面砖

序号	工程名称	工程内容	金额（元）	备注

表2-17 总承包服务费明细表

工程名称：合堂教室地面铺设陶瓷地面砖

序号	项目名称	项目价值	计费基础	服务内容	费率（%）	金额（元）
1	发包人供应材料		供应材料费用			
2	承包人采购材料		设备安装费用			
3	发包人发包专业工程		专业工程费用			
合　　计						

注：投标人按招标人提供的服务项目内容，自行确定费用标准计入投标报价中。

表 2-18　安全文明施工费计算表

工程名称：合堂教室地面铺设陶瓷地面砖

序号	项目名称	金额（元）
1	环境保护等 5 项费用	113.82
2	脚手架费	
合　计		113.82

注：投标人按招标人提供的安全文明施工费计入投标报价中。

表 2-19　规费、税金计算表

工程名称：合堂教室陶瓷地面砖铺设

序号	项目名称	计算基础	费率（%）	金额（元）
1	规费			
1.1	养老保险费		2.86	304.23
1.2	医疗保险费		0.45	47.87
1.3	失业保险费		0.15	15.96
1.4	工伤保险	分部分项工程费＋措施费＋企业管理费＋	0.17	18.08
1.5	生育保险	利润＋其他费用	0.09	9.57
1.6	住房公积金		0.48	51.06
1.7	危险作业意外伤害保险		0.09	9.57
1.8	工程排污费		0.05	5.32
合　计			4.34	461.66
2	税金	分部分项工程费＋措施费＋企业管理费＋利润＋其他费用＋安全文明施工费＋规费	3.41	378.47
合　计				840.13

注：投标人应按招标人提供的规费计入投标报价中。

表 2-20　主材价格报价表

工程名称：合堂教室地面铺设陶瓷地面砖

序号	材料编码	材料名称	规格、型号等特殊要求	单位	单价（元）
1		陶瓷地面砖	800mm×800mm	m²	50.80
2		水泥	32.5（MPa）	kg	0.39
3		砂	净中砂	m³	64.12
4		水		m³	7.59
5		白水泥		kg	0.59

表 2-21 主要材料用量统计表

工程名称：合堂教室地面铺设陶瓷地面砖

序号	材料编码	材料名称	规格、型号等特殊要求	单位	数量	单价（元）	合价（元）	备注
1		陶瓷地面砖	800mm × 800mm	m²	124.800	50.80	6339.84	
2		水泥	32.5（MPa）	kg	1165.224	0.39	454.44	
3		砂	净中砂	m³	2.472	64.12	158.50	
4		水		m³	3.912	7.59	29.69	
5		白水泥		kg	12.36	0.59	7.29	
								供货商地址
								联系电话

【任务考核】

布置一道家装实例题，要求学生计算各类费用编制预算书，依据表 2-22 的要求进行考核评分。

表 2-22 评 分 标 准

序号	考核项目	配分	考核标准	得分
1	表格	20	表格齐全	
2	项目种类	20	不缺项	
3	费用计算	40	计算正确	
4	编制说明	10	叙述明确	
5	填写封面	10	符合要求	

三、预算书编制训练

教师提供一套完成的家装图纸及施工说明，由学生独立完成所用各种费用的计算，并编制预算书，教师指导、检查、评阅。

项目三　室内装饰工程工程量清单计价编制

【学习目标】

学生说明《建设工程工程量清单计价规范》（GB 50500—2013）主要项目，正确运用工程量清单计价规范，并能按清单计价的方式进行工程造价。

工程量清单计价方式，是在建设工程招投标中，招标人自行或委托具有资质的中介机构编制反映工程实体消耗和措施性消耗的工程量清单，并作为招标文件的一部分提供给投标人，由投标人依据工程量清单自主报价的计价方式。在工程招标中采用工程量清单计价是国际上较为通行的做法。

工程量清单报价是指在建设招投标阶段，招标人依据工程施工图纸，按照招标文件的要求，按现行的工程量计算规则为投标人提供实物工程量项目和技术措施项目的数量清单，供投标单位逐项填写单价，并计算出总价，再通过评标，最后确定合同价。工程量清单报价作为一种全新的较为客观合理的计价方式，它有如下特征：

1. 工程量清单均采用综合单价形式，综合单价中包括了工程人工费、材料费、机械费、管理费、利润，更适合工程的招投标。

2. 工程量清单报价要求投标单位根据市场行情，依据自身实力报价，这就要求投标人注重工程单价的分析，在报价中反映出本投标单位的实际能力，从而能在招投标工作中体现公平竞争的原则，选择最优秀的承包商。

3. 工程量清单具有合同化的法定性，本质上是单价合同的计价模式，中标后的单价一经合同确认，在竣工结算时是不能调整的，即量变价不变。

4. 工程量清单计价详细地反映了工程的实物消耗和有关费用，因此易于结合建设项目的具体情况，改预算定额为基础的静态计价模式为将各种因素考虑在单价内的动态计价模式。

5. 工程量清单计价有利于招投标工作，避免招投标过程中盲目压价、弄虚作假、暗箱操作等不规范行为。

6. 工程量清单报价有利于项目的实施和控制，报价的项目构成、单价组成必须符合项目实施要求。工程量清单报价增加了报价的可靠性，有利于工程款的拨付和工程造价的最终确定。

7. 工程量清单报价有利于加强工程合同的管理，明确承发包双方的责任，实现风险的合理分担，即量由发包方或招标方确定，工程量的误差由发包方承担，工程报价的风险由投标方承担。

工程量清单计价常用术语：

1. 工程量清单　指建设工程的分部分项工程项目、措施项目、其他项目、规费项目和税金项目的名称和相应数量等的明细清单。

2. 招标工程量清单　指招标人依据国家标准、招标文件、设计文件以及施工现场实际情况编制的，随招标文件发布供投标报价的工程量清单。

3. 已标价工程量清单　指构成合同文件组成部分的投标文件中已标明价格，经算术性错误修正（如有）且承包人已确认的工程量清单，包括对其的说明和表格。

4. 综合单价　指完成一个规定计量单位的分部分项工程和措施清单项目所需的人工费、材料费和工程设备费、施工机具使用费和企业管理费、利润以及一定范围内的风险费用。

5. 工程量偏差　指承包人按照合同签订时图纸（含经发包人批准由承包人提供的图纸）实施，完成合同工程应予计量的实际工程量与招标工程量清单列出的工程量之间的偏差。

6. 暂列金额　指招标人在工程量清单中暂定并包括在合同价款中的一笔款项。其用于施工合同签订时尚未确定或者不可预见的所需材料、设备、服务的采购，施工中可能发生的工程变更、合同约定调整因素出现时的工程价款调整以及发生的索赔、现场签证确认等的费用。

7. 暂估价　指招标人在工程量清单中提供的用于支付必然发生但暂时不能确定价格的材料、工程设备的单价以及专业工程的金额。

8. 计日工　指在施工过程中，承包人完成发包人提出的施工图纸以外的零星项目或工作，按合同中约定的综合单价计价的一种方式。

9. 总承包服务费　指总承包人为配合协调发包人进行的专业工程分包，发包人自行采购的设备、材料等进行保管以及施工现场管理、竣工资料汇总整理等服务所需的费用。

10. 安全文明施工费　承包人按照国家法律、法规等规定，在合同履行中为保证安全施工、文明施工、保护现场内外环境等所采用的措施发生的费用。

11. 施工索赔　指在工程合同履行过程中，合同当事人一方因非己方的原因而遭受损失，按合同约定或法规规定应由对方承担责任，从而向对方提出补偿的要求。

12. 现场签证　指发包人现场代表与承包人现场代表就施工过程中涉及的责任事件所作的签认证明。

13. 提前竣工（赶工）费　指承包人应发包人的要求，采取加快工程进度的措施，使合同工程工期缩短产生的，应由发包人支付的费用。

14. 误期赔偿费　指承包人未按照合同工程的计划进度施工，导致实际工期大于合同工期与发包人批准的延长工期之和，承包人应向发包人赔偿损失发生的费用。

15. 规费　指根据省级政府或省级有关权力部门规定必须缴纳的，应计入建筑安装工程造价的费用。

16. 税金　指根据国家税法规定的应计入建筑安装工程造价内的营业税、城市维护建设税及教育费附加等。

17. 工程造价咨询人　指取得工程造价咨询资质等级证书，接受委托从事建设工程造价咨询活动的当事人以及取得该当事人资格的合法继承人。

18. 招标控制价　指招标人根据国家或省级、行业建设主管部门颁发的有关计价依据和办法，以及拟定的招标文件和招标工程量清单，编制的招标工程的最高限价。

19. 投标价　指投标人投标时报出的工程合同价。

20. 签约合同价　指发承包双方在施工合同中约定的，包括了暂列金额、暂估价、计日工的合同总金额。

21. 竣工结算价（合同价格）　指发承包双方依据国家有关法律、法规和标准规定，按照合同约定确定的，包括在履行合同过程中按合同约定进行的工程变更、索赔和价款调整，是承包人按合同约定完成了全部承包工作后，发包人应付给承包人的合同总金额。

任务一 工程量清单编制

【任务目标】

能编制工程清单，并做到不缺项，项目编码、项目名称、计量单位准确。

【任务设置】

例 3-1 某教室进行地面和墙面装修。要求：墙面采用木龙骨（断面 40cm²，龙骨间距 45cm）岩棉吸声板；地面为陶瓷地面砖（500mm×500mm），选用 1∶3 抹灰水泥砂浆，砂浆厚度 25mm。采取工程量清单计价。请编制其清单。

【相关知识】

一、工程量清单的编制人

由有编制招标文件能力的招标人或受其委托具有相应资质的工程造价咨询机构、招标代理机构依据有关计价办法、招标文件的有关要求、设计文件和施工现场实际情况进行编制。

二、工程量清单编制的依据

《建设工程工程量清单计价规范》（GB 50500—2013）包括总则、术语、工程量清单编制、工程量清单计价、工程量清单及其计价格式等内容。它们分别就"计价规范"适用遵循的原则、编制工程量清单应遵循的规则、工程量清单计价活动的规则、工程量清单及其计价格式做了明确规定。

装饰装修工程工程量清单项目及计算规则查阅《建设工程工程量清单计价规范》（GB 50500—2013）中的附录 H、K、L、M、N。附录中包括项目编码、项目名称、项目特征、计量单位、工程量计算规则和工程内容，其中项目编码、项目名称、计量单位、工程量计算规则作为"四统一"的内容，要求招标人在编制工程清单时必须执行。

三、工程量清单的编制

1. 分部分项工程量清单的编制

分部分项工程量清单是由招标人按照"计价规范"中统一的项目编码、统一的项目名称、统一的计量单位和统一的工程量计算规则（即四个统一）进行编制。

在设置清单项目时应注意以下几点：

项目编码 "计价规范"中对每一个分部分项工程清单项目均给定一个编码。项目编码以五级编码设置，用十二位阿拉伯数字表示。一、二、三、四级编码统一；第五级编码由工程量清单编制人区分具体工程的清单项目特征而分别编码。各级编码代表的含义如下：

第一级表示分类码（含二位）；房屋建筑与装饰工程为 01、通用安装工程为 03、市政工程为 04、园林绿化工程为 05；第二级表示专业工程顺序码（含二位），如 0111 为房屋建筑与装饰工程（01）的"楼地面工程（11）"；第三级表示分部分项工程顺序码（含二位）；第四级表示分项工程项目名称顺序码（含三位）；第五级表示具体清单项目工程名称码（含三位），主要区别同一分部分项工程具有不同特征的项目，由工程量清单编制人编制，从 001 开始。在编制工程量清单时，对于"计价规范"附录中的缺项，编制人可做补充。

2）项目名称 项目名称以形成工程实体而命名。项目名称如有缺项，招标人可按相应的原则进行补充，并报当地工程造价管理部门备案。

3）项目特征 项目特征是对项目的准确描述，是影响价格的因素，是设置具体清单项目的依据。项目特征按不同的工程部位、施工工艺或材料品种、规格等分别列项。凡是项目特征中未描述到的其他独有特征，由清单编制人视项目具体情况而定，以准确描述清单项目为准。

4）工程量及计量单位

（1）清单项目的工程量计算的计量方法是以实体安装就位的净尺寸（或净重）计算。不考虑施工操作（或定额）规定的预留量，这个量随施工方法、措施的不同也在变化。因此，清单项目的工程量计算应严格执行"计价规范"所规定的工程量计算规则，不能同定额工程量计算相混淆。

（2）计量单位应采用基本单位，不使用扩大单位。

①吨或千克（t 或 kg）；②m^3；③m^2；④m；⑤个；⑥项。

以"吨"为单位的，保留小数点后三位，第四位小数四舍五入；以"m^3""m^2""m"为单位的，应保留两位小数，第三位小数四舍五入；以"个""项"等为单位的，应取整数。

5）工程内容　工程内容是指完成该清单项目可能发生的具体工程，可供招标人确定清单项目和投标人投标报价参考。凡工程内容中未列全的其他具体工程，由投标人按招标文件或图纸要求编制，以完成清单项目为准，综合考虑到报价中。

由于清单项目是按实体设置的，而实体是由多个工程综合而成的，在清单项目的表现形式上是由主体项目和辅助项目（或称组合项目、子项）构成，主体项目即"计价规范"中的项目名称，组合项目即"计价规范"中的工程内容。如果发生了在"计价规范"附录中没有列的工程内容，在清单项目描述中应予以补充，绝不能以"计价规范"附录中没有为理由而不予描述。

2. 措施项目清单的编制

措施项目清单的编制应考虑多种因素，除工程本身的因素外，还涉及水文、气象、环境、安全等和施工企业的实际情况。根据本省的实际情况，将安全、文明施工措施费不列入招标投标竞争范围，单列设立、专款专用，由各市建设行政主管部门根据实际情况自行制定其计价标准和管理办法，确保足够资金用于安全生产、文明施工上。

措施项目费为一次性报价，通常不调整。结算需要调整的，必须在招标文件和合同中明确。

3. 其他项目清单的编制

其他项目清单应根据拟建工程的具体情况列项。

（1）招标人部分　包括预留金、材料购置费等。

（2）投标人部分　包括总承包服务费、零星工作费等。

其他项目费清单中的预留金、材料购置费和零星工作项目费均为估算、预测数量，虽在投标时计入投标人的报价中，不应视为投标人所有，工程结算时，应按约定或按承包人实际工作内容结算，剩余部分仍归招标人所有。

【任务实施】

例 3-1 解答：

一、工程量清单编制表格构成

封面，扉页，总说明，分部分项工程量清单表，通用措施项目清单表，其他项目清单表，暂列金额明细表，专业工程暂估价表，计日工表，总承包服务费项目表，安全文明施工项目清单表，规费、税金项目清单表。

二、编制工程量清单（表 3-1 ~ 表 3-12）

表 3-1　封　　面

_____工程

投标工程量清单

招　标　人：_____
（单位盖章）

造价咨询人：_____
（单位盖章）

年　月　日

表3-2 封 面

××教室装修工程

招标工程量清单

招 标 人：　　　　××学校　　　　　　　 造价咨询人：(××工程造价咨询企业资质专用章)
　　　　　　　　　(单位盖章)　　　　　　　　　　　　　　　　　(单位资质专用章)

法定代表人　　　　　　　　　　　　　　　　法定代表人
或其授权人：××学校法定代表人　　　　　 或其授权人：××装饰企业法人代表　　　　　
　　　　　　　(签字或盖章)　　　　　　　　　　　　　　　(签字或盖章)

编 制 人：　　　　　　　　　　　　　　　　 复 核 人：　　　　　　　　　　　　　　　
　　　　　(造价人员签字盖专用章)　　　　　　　　　　　(造价工程师签字盖专用章)

编制时间： 年 月 日　　　　复核时间： 年 月 日

表 3-3 总 说 明

工程名称：××教室装修工程

1. 工程概况：该工程装修面积 $80m^2$，其主功能为学校教室

2. 工程质量要求：优良工程

3. 工期：20 天

4. 工程清单编制依据：

（1）教室装修施工图纸（　　张）

（2）某省装饰装修工程计价定额

（3）某省建设工程费用定额

（4）教室施工组织设计

（5）工程承包合同

（6）中华人民共和国国家标准《建设工程工程量清单计价规范》（GB 50500—2013）

5. 公司所报费率如下：企业管理费率10%；利润率20%；税金按3.41%计算。

表3-4　分部分项工程量清单表

工程名称：××教室装修工程　　　　　　　　　　　　标段：

序号	项目编码	项目名称	项目特征描述	计量单位	工程量
1	011102003001	块料楼地面	陶瓷地面砖（500mm×500mm）选用1∶3抹灰水泥砂浆，砂浆厚度25mm	m²	80m²
2	011207001001	墙面装饰板	墙面采用木龙骨（断面40cm²，龙骨间距45cm）岩棉吸声板	m²	120m²

表3-5　通用措施项目清单表

工程名称：××教室装修工程

序号	项目名称	计算基础	费率（％）	金额（元）
1	夜间施工费	人工费	0.08	
2	二次搬运费	人工费	0.21	
3	已完工程及设备保护	人工费	0.14	
4	工程定位、复测、点交、清理费	人工费		
5	生产工具用具使用费	人工费		
6	雨季施工费	人工费		
7	冬期施工费	人工费		
8	检验试验费	人工费		
9	室内空气污染测试费	根据实际情况		
10	地上、地下设施、建筑物的临时保护设施	根据实际情况		
	合　计			

注：本表适用于以"项"计价的措施项目。

表3-6 其他项目清单表

工程名称：××教室装修工程　　　　　　　　标段：

序号	项目名称	计量单位	金　额（元）	备　注
1	暂列金额	项	800.00	
2	暂估价		2000.00	
2.1	材料暂估价			
2.2	专业工程暂估价	项	2000.00	
3	计日工		776.00	
4	总承包服务费			
	合　计			

注：材料（工程设备）暂估单价进入清单项目综合单价，此处不汇总。

表3-7 暂列金额明细表

工程名称：××教室装修工程　　　　　　　　标段：

序号	项目名称	计量单位	暂定金额（元）	备　注
1	政策性调整和材料价格风险	项	500.00	
2	设计变更	项	300.00	
	合　计		800.00	—

注：此表由招标人填写，如不能详列，也可只列暂定金额总额，投标人应将上述暂列金额计入投标总价中。

表3-8　专业工程暂估价表

工程名称：××教室装修工程

序号	工 程 名 称	工程内容	金额（元）	备注
1	入户防盗门	安装	2000.00	
合　计			2000.00	—

注：此表由招标人填写，投标人应将上述专业工程暂估价计入投标总价中。

表3-9　计 日 工 表

工程名称：××教室装修工程　　　　　　　　　　　标段：

编号	项 目 名 称	单位	暂定数量
一	人工		
1	技工	工日	5
人工小计			
二	材料		
1	水泥（32.5MPa）	t	0.1
材料小计			
三	施 工 机 械		
1			
施工机械小计			

注：此表项目名称、数量由招标人填写，编制招标控制价时，单价由招标人按有关计价规定确定；投标时，单价由投标人自助报价，计入投标总价中。

表3-10　总承包服务费项目表

工程名称：××教室装修工程　　　　　　　　　　　标段：

序号	工 程 名 称	计费基础（元）	服务内容
1	发包人供应材料		
2	发包人采购设备		
3	发包人发包专业工程		

注：此表由招标人填写，投标人应将上述专业工程暂估价计入投标总价中。

表 3-11 安全文明施工项目清单表

工程名称：××教室装修工程

序号	项目名称	金 额（元）
1	环境保护等 5 项费用	
2	脚手架费	
合计		

注：此表由招标人填写。

表 3-12 规费、税金项目清单表

工程名称：××教室装修工程

序号	项目名称	计算基础	费率（%）	金额（元）
1	规费	1.1＋1.2＋1.3＋1.4＋1.5＋1.6＋1.7＋1.8		
1.1	养老保险费		2.86	
1.2	医疗保险费		0.45	
1.3	失业保险费		0.15	
1.4	工伤保险		0.17	
1.5	生育保险	分部分项工程费＋措施费＋其他费用	0.19	
1.6	住房公积金		0.48	
1.7	危险作业意外伤害保险		0.09	
1.8	工程排污费		0.05	
	小计		4.34	
2	税金	分部分项工程费＋措施费＋其他费用＋规费	3.41	
	合 计			

注：此表中的规费由招标人填写。

【任务考核】

安排一简单装修工程，由学生独立完成工程清单的编制，依照表3-13的要求进行考核评分。

表3-13 评分标准

序号	考核项目	配分	考核标准	得分
1	表格	25	表格齐全	
2	项目种类	25	不缺项	
3	项目编码	10	编码正确	
4	项目名称	20	名称正确	
5	计算规则	20	规则正确	

【巩固训练】

由教师选择2~3个工程项目安排学生完成，教师指导、检查、评阅。

任务二　工程量清单投标报价编制

【任务目标】

能编制工程量清单投标报价文件。

【任务设置】

例3-2 某教室进行地面和墙面装修。要求：墙面采用木龙骨（断面$40cm^2$，龙骨间距45cm）岩棉吸声板；地面为陶瓷地面砖（500mm×500mm），选用1:3抹灰水泥砂浆，砂浆厚度25mm。采取工程量清单计价。请根据清单编制投标报价文件。

【相关知识】

一、投标报价费用构成（表3-14）

（一）分部分项工程费确定

分部分项工程费由人工费、材料费、机械费、管理费和利润等5个部分构成。其中，人工、材料、机械台班的单价以及相应的消耗数量取值标准的确定是影响分部分项工程费的关键因素。分部分项工程（人工、材料、机械）消耗数量的取定应以《消耗量定额》作为主要标准。

1. 人工费的确定原则

人工工日消耗数量属于一次性消耗，它是完成清单项目所必需的人工消耗。《消耗量定额》中的人工工日消耗量标准是在充分考虑了各施工工种合理搭配以及一定劳动强度的基础上综合取定的，是确定清单项目人工消耗数量的标准。如受施工场地限制和施工条件制约等特殊情况，当人工实际消耗情况与定额相差较大时，可按实调整，并同时提供合理的人工消耗量分析依据，以反映企业实际的用工消耗。

2. 材料费的确定原则

工程材料价格一般是指到工地价，按市场价格取定。由于投标人采购渠道不同等市场因素和企业内部管理水平的差异，投标人原则上承担工程材料价格的自主报价风险。

表 3-14

		教育费附加
建筑工程工程量清单计价费用构成	分部分项工程费	人工费
		材料费
		施工机械使用费
		企业管理费
		利润
	措施项目	安全文明施工费
		夜间施工费
		二次搬运费
		冬雨季施工费
		大型机械设备进出场及安拆费
		施工排水
		施工降水
		地上地下设施、建筑物的临时保护设施
		已完工程及设备保护
		各专业工程的措施项目
	其他项目	暂列金额
		暂估价
		计日工
		总承包服务费
	规费	工程排污费
		社会保障费
		住房公积金
		工伤保险
	税金	营业税
		城市维护建设税

构成清单项目的主要材料应按照定额消耗量标准取定。《消耗量定额》中主要工程材料的消耗量是在实物消耗量的基础上考虑了损耗率综合测算取定的。特殊情况，个别清单项目确实因采用工艺或构造不同，需要调整主要材料消耗量的，应提供合理的主要材料消耗量的分析依据。

对构成清单项目的辅助材料可根据施工技术文件要求进行增减调整，即定额中有规定，使用的辅助材料项目应参照定额消耗量标准取定；实际使用的辅助材料与定额规定不一致的，允许调整，但应提供合理的消耗量分析依据。

3. 机械费的确定原则

机械台班单价由两类费用组成：第一类摊销性消耗费用包括折旧费、大修理费、经常修理费、安拆及场外运输费、其他费用等；第二类一次性消耗费用包括机械人工、燃料动力费等。

机械台班消耗量属于一次性消耗，它是完成清单项目所必需的机械使用消耗。《消耗量定额》中的机械台班消耗体现了当地目前机械化施工的普遍水平，是确定清单项目机械使用消耗数量的标准。如使用的机械效能优于定额，台班产量差异较大时，可按实调整，并同时提供合理的台班消耗量分析依据，以反映企业先进的生产力水平。

（二）管理费和利润的费率确定原则

管理费和利润属于竞争性费用，投标人可结合自身实际相关费率进行调整。上限应以规定的费率为准，以体现建筑行业的平均管理水平和利润率；下限不宜作明确的规定。

（三）措施项目费确定

措施项目就是不构成工程实体，但为了完成工程施工，发生于该工程施工前和施工过程中主要技术、生活、安全等方面的非工程实体项目。每个地区（省）措施项目包括的内容都不一样，措施项目包括：定额措施和通用措施费。

定额措施：脚手架工程、混凝土模板及支撑工程、垂直运输机械及超高增加、构件运输及安装工程等。

通用措施：冬期雨季施工、夜间施工费、已完工程保护费、二次搬运费、室内空气污染测试费等。

定额措施采用综合单价形式计算。

通用措施一般是按一定费率计取，计费基础各省之间不同，有"直接费""人工费""人工费＋机械费"自行选用。

（四）其他项目清单费用确定

其他项目费包括：暂列金额、暂估价、材料暂估价、专业工程暂估价、计日工、总承包服务费。

（五）安全文明施工费确定

包括环境保护费、文明施工费、安全施工费、临时设施费、防护用品等费用、脚手架费。

二、投标报价的原则

主要是对承建的工程所要发生的所有费用的计算。先复核工程量，再确定施工方案和施工进度。投标计算要和采用的合同条件相适应。

1. 以双方的责任划分作为考虑投标报价的基础，根据承包模式考虑投标报价的费用内容和计算深度。

2. 以施工方案、技术措施等作为投标报价的基本条件。

3. 以反映企业定额作为计算人工、材料和机械台班消耗量的基本依据。

4. 报价计算方法要科学严谨、简明适用。

三、投标报价的依据

1. 招标文件；

2. 施工图纸、工程量清单及说明；

3. 国家地区现行的各种费用定额；

4. 地方现行的材料预算价格、采购地点及供应方式；

5. 招标单位的书面答复；

6. 企业内部有关取费、价格等规定、标准；

7. 与报价有关的各项政策、规定、调价系数等。

【任务实施】

例 3-2 解答：

一、投标报价表构成

封面、扉页、总说明、单位工程投标报价汇总表、分部分项工程量清单投标计价表、通用措施项目清单计价表、其他项目清单计价表、暂列金额明细表、专业工程暂估价明细表、计日工计价明细表、安全文明施工费计价表、规费、税金项目清单计价表、工程量清单综合单价分析表、分部分项工程量清单综合单价分析表。

二、投标报价费用计算

1. 分部分项工程量清单计价合计费用计算公式：

综合单价 = 规定计量单位的"人工费 + 材料费 + 机械使用费 + 取费基础 ×（企业管理费费率 + 利润率）"

分项清单合价 = 综合单价 × 工程数量

分部清单合价 = ∑分项清单合价

分部分项工程量清单计价合计费用 = ∑分部清单合价

2. 措施项目清单计价合计费用：定额措施费应按照综合单价法计算。通用措施费，按照《计价费用定额》规定计算。

3. 其他项目清单计价合计费用，应将暂列金额、暂估价、包括材料暂估价、专业工程暂估价、计日工、总承包服务费相加。

4. 安全文明施工费：按相应计费基础 × 规定税率

5. 规费计算公式：规费 = [分部分项工程量清单计价合计费用 + 措施项目清单计价合计费用 + 其他项目清单计价合计费用] × 规定费率。

6. 税金计算公式：税金 = [分部分项工程量清单计价合计费用 + 措施项目清单计价合计费用 + 其他项目清单计价合计费用 + 规费] × 规定税率

工程量清单计价的工程费用 = 分部分项工程量清单计价合计费用 + 措施项目清单计价合计费用 + 其他项目清单计价合计费用 + 安全文明施工费 + 规费 + 税金

三、工程量投标报价文件的编制（表3-15～表3-28）

表 3-15　封　面

××教室装修工程

投　标　总　价

投标人：　<u>　××装修公司　</u>
　　　　　　　　（单位盖章）

年　　　月　　　日

表 3-16 扉　页

投 标 总 价

招　标　人：＿＿＿＿＿×× 职业学院＿＿＿＿＿＿＿＿＿＿＿＿

工 程 名 称：＿＿＿＿＿×× 教室装修工程＿＿＿＿＿＿＿＿＿＿＿

投标总价（小写）：＿＿＿＿＿19803.93＿＿＿＿＿＿＿＿＿＿＿

　　　　（大写）：＿＿＿＿壹万玖仟捌佰零叁元玖角叁分＿＿＿＿＿＿

投　标　人：＿＿＿＿＿×× 装修公司＿＿＿＿＿＿＿＿＿＿＿＿＿

　　　　　　　　　　　　（单位盖章）

法定代表人
或其授权人：＿＿＿＿装修公司法人代表＿＿＿＿＿＿＿＿＿＿＿

　　　　　　　　　　　　（签字或盖章）

编　制　人：＿＿＿签字盖造价员或造价工程师专用章＿＿＿＿＿＿

　　　　　　　　　　　（造价人员签字盖专用章）

时　　　间：＿＿＿年＿＿月＿＿日＿＿＿＿＿＿＿＿＿＿＿＿＿

表 3-17　总　说　明

工程名称：××教室装修工程

1. 工程基本情况

工程位于××路，××大街×号。实用面积 80m²，墙面面积 120m²。

装修要求：墙面采用木龙骨（断面 40cm²，龙骨间距 45cm）岩棉吸声板；地面为陶瓷地面砖（500mm×500mm），选用 1∶3 抹灰水泥砂浆，砂浆厚度 25mm。

2. 预算编制依据

（1）教室施工图纸

（2）某省装饰装修工程计价定额

（3）某省建设工程费用定额

（4）教室装修施工组织设计

（5）工程承包合同

（6）中华人民共和国国家标准《建设工程工程量清单计价规范》（GB 50500—2013）

3. 税金按 3.41% 计算

表 3-18 单位工程投标报价汇总表

工程名称：××教室装修工程

序号	汇 总 内 容	金额（元）	其中：暂估价（元）
1	分部分项工程	13479.20	
1.1	块料楼地面	4865.60	
1.2	墙装饰面	8613.60	
2	措施项目	1118.83	
2.1	定额措施费		
2.2	通用措施费	1118.83	
3	其他项目	3576.00	
3.1	暂列金额	800.00	
3.2	专业工程暂估价	2000.00	
3.3	计日工	776.00	
3.4	总承包服务费		
4	安全文明施工费	194.52	
4.1	环境保护等5项费用	194.52	
5	规费	788.75	
6	税金	646.63	
	招标报价合计 = 1 + 2 + 3 + 4 + 5 + 6	19803.93	

注：本表适用于单位工程招标控制价或投标报价汇总，如无单位工程划分，单项工程也使用本汇总表。

表3-19 分部分项工程量清单投标计价表

工程名称：××教室装修工程　　　　　　　　　　标段：

序号	项目编码	项目名称	项目特征描述	计量单位	工程量	金额（元）		其中
						综合单价	合价	暂估价
1	011102003001	块料楼地面	陶瓷地面砖（500mm×500mm）选用1:3抹灰水泥砂浆，砂浆厚度25mm	m²	80	60.82	4865.60	
2	011207001001	墙面装饰板	墙面采用木龙骨（断面40cm²，龙骨间距45cm）岩棉吸声板	m²	120	71.78	8613.60	
		本页小计					13479.2	
		合　计					13479.2	

注：为计取规费等的使用，可在表中增设其中："定额人工费"。

表 3-20　通用措施项目清单计价表

工程名称：××教室装修工程

序号	项目名称	计算基础	费率（%）	金额（元）
1	夜间施工费	人工费	0.08	185.83
2	二次搬运费	人工费	0.21	487.80
3	已完工程及设备保护费	人工费	0.14	325.20
4	工程定位、复测、点交、清理费			
5	生产工具用具使用费			
6	雨季施工费			
7	冬期施工费	施工排水		
8	检验试验费	施工降水		
9	室内空气污染测试费			120.00
10	地上、地下设施、建筑物的临时保护设施			
合　计				1118.83

注：本表适用于以"项"计价的措施项目。

表 3-21 其他项目清单计价表

工程名称：××教室装修工程

序号	项目名称	计量单位	金额（元）	备 注
1	暂列金额	项	800.00	
2	暂估价		2000.00	
2.1	材料暂估价			
2.2	专业工程暂估价	项	2000.00	
3	计日工		776.00	
4	总承包服务费			
5				
合 计			3576.00	

注：材料暂估单价进入清单项目综合单价，此处不汇总。

表 3-22 暂列金额明细表

工程名称：××教室装修工程　　　　　　　　　　标段：

序号	项 目 名 称	计量单位	暂定金额（元）	备注
1	政策调整和材料价格风险	项	300.00	
2	工程量清单中工程量变更和设计变更	项	500.00	
3				
合 计			800.00	—

注：此表由招标人填写，如不能详列，也可只列暂定金额总额，投标人应将上述暂列金额计入投标总价中。

表 3-23 专业工程暂估价明细表

工程名称：××教室装修工程   标段：

序号	工 程 名 称	工 程 内 容	金额（元）	备 注
1	入户防盗门	安装	2000.00	
合　计			2000.00	—

注：此表由招标人填写，投标人应将上述专业工程暂估价计入投标总价中。

表 3-24 计日工报价明细表

工程名称：××教室装修工程   标段：

编号	项 目 名 称	单位	暂定数量	综合单价（元）	合 价（元）
一	人工				
1	技工	工日	5	100.00	500.00
2	普工	工日	3	60.00	180.00
人工小计					680.00
二	材料				
1	水泥（32.5MPa）	t	0.1	560.00	56.00
2	细砂	m^3	0.5	80.00	40.00
材料小计					96.00
三	施工机械				
1					
施工机械小计					
合　计					776.00

注：此表项目名称、数量由招标人填写，编制招标控制价时，单价由招标人按有关计价规定确定；投标时，单价由
　　投标人自助报价，计入投标总价中。

表 3-25 安全文明施工费计价表

工程名称：××教室装修工程

序号	项目名称	金额（元）
1	环境保护等 5 项费用	194.52
2	脚手架费	
合计		194.52

注：此表招标人填写。

表 3-26 规费、税金项目清单计价表

工程名称：××教室装修工程

序号	项目名称	计算基础	费率（%）	金额（元）
1	规费			
1.1	养老保险费		2.86	519.78
1.2	医疗保险费		0.45	81.78
1.3	失业保险费		0.15	27.26
1.4	工伤保险		0.17	30.90
1.5	生育保险	分部分项工程费+措施费+其他费用	0.09	16.36
1.6	住房公积金		0.48	87.24
1.7	危险作业意外伤害保险		0.09	16.36
1.8	工程排污费		0.05	9.08
	小计		4.34	788.75
2	税金	分部分项工程费+措施费+其他费用+规费	3.41	646.63
合计				1435.38

注：此表中的规费由招标人填写。

表 3-27　工程量清单综合单价分析表

工程名称：××教室装修工程　　　　　　　　　标段：

| 项目编码 | 011102003001 | 项目名称 | 块料楼地面 | 计量单位 | m² | 工程量 | |

清单综合单价组成明细

定额编号	定额项目名称	定额单位	数量	单价				合价			
				人工费	材料费	机械费	管理费和利润	人工费	材料费	机械费	管理费和利润
1-57	陶瓷地砖楼地面	100m²	0.8	1357.33	4309.66	7.73	407.20	1085.86	3447.73	6.18	325.76
人工单价			小　计					1085.86	3447.73	6.18	325.76
53.00 元/工日			未计价材料费								
清单项目综合单价								60.82			

	主要材料名称、规格、型号	单位	数量	单价（元）	合价（元）	暂估单价（元）	暂估合价（元）
材料费明细	陶瓷地砖（500mm×500mm）	m²	81.600	36.47	2975.95		
	水泥（32.5MPa）	kg	776.816	0.39	302.96		
	砂（净中砂）	m³	1.648	64.12	105.67		
	水	m³	2.608	7.59	19.79		
	白水泥	kg	8.240	0.59	4.86		
	其他材料费			—		—	
	材料费小计			—	3409.23	—	

注：1. 如不使用省级或行业建设主管部门发布的计价依据，可不填定额编号、名称等。
　　2. 招标文件提供了暂估单价的材料，按暂估的单价填入表内"暂估单价"栏及"暂估合价"栏。

表 3-28 分部分项工程量清单综合单价分析表

工程名称：××教室装修工程　　　　　　　　　标段：

| 项目编码 | 011207001001 | 项目名称 | 墙面装饰板 | 计量单位 | m² | 工程量 | |

清单综合单价组成明细

定额编号	定额项目名称	定额单位	数量	单 价				合 价			
				人工费	材料费	机械费	管理费和利润	人工费	材料费	机械费	管理费和利润
2-304	墙面木龙骨	100m²	1.2	487.60	2777.54	68.24	146.28	585.12	3333.05	81.89	175.35
2-328	岩棉吸声板墙面	100m²	1.2	543.25	2991.64		162.98	651.90	3589.97		195.77
人工单价			小 计					1237.02	6923.02	81.89	371.12
53.00 元/工日			未 计 价 材 料 费								
清单项目综合单价							71.78				

	主要材料名称、规格、型号		单位	数量	单价（元）	合价（元）	暂估单价（元）	暂估合价（元）
材料费明细	小方（白松一等）		m³	2.976	1032.24	2559.96		
	合金钢钻头		个	7.368	17.99	132.55		
	膨胀螺栓（M12）		套	297.672	1.84	547.72		
	铁钉		kg	4.560	6.61	30.14		
	防腐油		kg	1.956	6.98	13.65		
	岩棉吸声板		m²	126.000	28.00	3528.00		
	松厚板		m³	0.006	1032.24	6.19		
	其他材料费				—		—	
	材料费小计				—	6818.21	—	

【任务考核】

安排一装修工程，提供给学生清单，要求学生编制投标报价文件，依照表3-29的要求，进行考核评分。

表3-29　评　分　标　准

序号	考核项目	配分	考核标准	得分
1	表格	20	表格齐全	
2	项目种类	20	不缺项	
3	费用计算	40	计算正确	
4	编制说明	10	叙述明确	
5	填写封面	10	符合要求	

【巩固训练】

由教师选择1个工程项目安排学生完成投标报价，教师指导、检查、评阅。

项目四　室内装饰工程结算的编制

【学习目标】

学生说明工程结算的主要内容，正确完成各阶段工程价款结算的操作，会编制结算书。

工程结算是指施工企业按照承包合同和已完工程量向建设单位（业主）办理工程价清算的经济文件。工程建设周期长，耗用资金数大，为使建筑安装企业在施工中耗用的资金及时得到补偿，需要对工程价款进行中间结算（进度款结算）、年终结算，全部工程竣工验收后应进行竣工结算。在会计科目设置中，工程结算为建设承包商专用的会计科目。工程结算是工程项目承包中的一项十分重要的工作。

工程结算分为：工程定期结算、工程阶段结算、工程年终结算、工程竣工结算。

工程结算的意义主要表现为以下几方面：

1. 工程结算是反映工程进度的主要指标。在施工过程中，工程结算的依据之一就是按照已完的工程进行结算，根据累计已结算的工程价款占合同总价款的比例，能够近似反映出工程的进度情况。

2. 工程结算是加速资金周转的重要环节。施工单位尽快尽早地结算工程款，有利于偿还债务，有利于资金回笼，降低内部运营成本。通过加速资金周转，提高资金的使用效率。

3. 工程结算是考核经济效益的重要指标。对于施工单位来说，只有工程款如数地结清，才意味着避免了经营风险，施工单位也才能够获得相应的利润，进而达到良好的经济效益。

任务一　装饰工程价款结算

【任务目标】

能根据预算书、合同及相关文件，独立完成装饰工程各阶段价款的结算。

【任务设置】

例 4-1　某装饰工程建安工程造价 600 万元，计划 2013 年上半年完工，主要材料和结构件款额占施工产值的 62.5%，工程预付款为合同金额的 25%，2013 年上半年各月实际完成施工产值如表 4-1 所示。如何按月结算工程款？

表 4-1　实际完成施工产值　　　　　　　　　　　　　　　　　　（万元）

2 月	3 月	4 月	5 月
100	140	180	180

【相关知识】

一、工程价款结算方式

我国现行的工程价款结算根据不同情况，可采取以下方式：

1. 按月结算方式

即实行旬末或月中预支，月终结算，竣工后清算的办法。

跨年度竣工的工程，在年终进行工程盘点，办理年度结算。我国现行建筑安装工程价款结算中，相当一部分是实行这种按月结算方式。

2. 竣工后一次结算方式

建设项目或单项工程全部建筑安装工程的建设期在 12 个月以内，或者工程承包合同价值在 100 万元以下的工程，可以实行工程价款每月月中预支，竣工后一次结算。当年结算的工程款应与年度完成的工作量一致，年终不另清算。

3. 分段结算方式

当年开工，且当年不能竣工的单项工程或单位工程，按照工程进度，划分不同阶段进行结算。

分段的划分标准，按合同规定（由各部门、自治区、直辖市、计划单列市规定）。

分段结算可以按月预支工程款，当年结算的工程款应与年度完成的工作量一致，年终不另清算。

4. 目标结算方式

在工程合同中，将承包工程的内容分解成不同的控制界面，以建设单位验收控制界面作为支付工程价款的前提条件。也就是说，将合同中的工程内容分解成不同的验收单元，当施工企业完成单元工程内容并经有关部门验收质量合格后，建设单位支付构成单元工程内容的工程价款。

目标结款方式实质上是运用合同手段和财务手段对工程的完成进行主动控制。在目标结款方式中，对控制面的设定应明确描述，便于量化和质量控制，同时要适应项目资金的供应周期和支付频率。

5. 结算双方约定并经开户银行同意的其他结算方式。

二、工程价款结算程序

1. 承包商提出付款申请

工程费用支付的一般程序是首先由承包商提出付款申请，填报一系列工程师指定格式的月报表，说明承包商认为这个月他应得的有关款项，包括：

（1）已实施的永久工程的价值；

（2）工程量表中任何其他项目，包括承包商的设备、临时工程、计日工及类似项目；

（3）主要材料及承包商在工地交付的准备为永久工程配套而尚未安装的设备发票价格的一定百分比；

（4）价格调整；

（5）按合同规定承包商有权得到的任何其他金额。承包商的付款申请将作为付款证书的附件，但它不是付款的依据，工程师有权对承包商的付款申请做出任何方面的修改。

2. 工程师审核，编制期中付款证书

工程师对承包商提交的付款申请进行全面审核，修正或删除不合理的部分；计算付款净金额。计算付款净金额时，应扣除该月应扣除的保留金、动员预付款、材料设备预付款、违约罚金等。若净金额小于合同规定的临时支付的最小限额，则工程师不需开具任何付款证书。

3. 业主支付

业主收到工程师签发的付款证书后，按合同规定的时间支付给承包商。实践证明，通过对施工过程的各个工序设置一系列签认程序，未经工程师签认的财务报表无效，这样做，充分发挥了经济杠杆的作用，控制了项目实施过程中的费用支出。

三、预付备料款支付

施工企业承包工程，一般都实行包工包料，需要有一定数量的备料周转金。在工程承包合同条款中，一般要明文规定发包单位（甲方）在开工前拨给施工单位一定数额的预付款（预付备料款），构成施工企业为该承包工程项目储备和准备主要材料、结构构件所需的流动资金。预付款还可以带有动员费的内容，以供进行施工人员的组织、完成临时设施工程等准备工作之用。支付预付款是公平合理的，因为施工企业早期使用的金额相当大。预付款相当于建设单位给施工企业的无息贷款。

预付款的有关事项，如数量、支付时间和方式、支付条件、偿（扣）还方式等，应在施工合同条款中予以规定。

1. 预付备料款的限额

备料款限额由下列主要因素决定：主要材料（包括外购构件）占施工产值的比重、材料储备期、施工工期。对于承包常年应备的备料款限额，其计算公式为：

$$备料款限额 = \frac{年度承包工程总值 \times 主要材料所占比重}{年度施工日历天数} \times 材料储备天数$$

一般建筑工程不应超过当年建筑工程量（包括水、电、暖、卫）的30%；安装工程按年安装工程量的10%，材料占比重较多的安装工程按年计划产值的15%左右拨付。

对于只包定额工日（不包材料定额，一切材料由建设单位供给）的工程项目，可以不预付备料款。对于只包定额工日（不包材料定额，一切材料由建设单位供给）的工程项目，可以不预付备料款。

2. 备料款的扣回

发包方拨付给承包商的备料款属于预支性质，到了工程中后期，随着工程所需主要材料储备的逐渐减少，应以抵充工程价款的方式陆续扣回。扣款的方式有以下2种：

（1）可以从未施工工程尚需的主要材料及构件的价值相当于备料款数额时起扣，从每次结算工程价款中按材料比重扣抵工程价款，竣工前全部结清。

（2）在承包方完成金额累计达到合同总价的10%后，由承包商开始向发包方还款，发包方从每次应付给承包商的金额中扣回工程预付款，发包方至少在合同规定的完成工期前3个月将工程预付款的总计金额按逐次分摊的办法扣回。当发包方一次付给承包商的金额少于规定扣回的金额时，其差额应转入下一次支付中作为债务结转。

【任务实施】

一、完成价款结算任务

例4-1 解答：

预付工程款 $= 600 \times 25\% = 150$（万元）

计算预付备料款的起扣点 $= 600 - 150/62.5\% = 600 - 240 = 360$（万元），即当累计结算工程款为360万元后，开始扣备料款。

2月完成产值100万元，结算100万元。

3月完成产值140万元，结算140万元，累计结算工程款240万元。

4月完成产值产值180万元，可分解为两个部分：其中的120万元（T－240）全部结算，其余的60万元要扣除预付备料款62.5%，按60万元的37.5%结算。实际应结算：120 $+ 60 \times (1 - 62.5\%) = 120 + 22.5 = 142.5$（万元），累计结算工程款382.5万元。

5 月完成产值180 万元，并已竣工，应结算：$180 \times (1 - 62.5\%) = 67.5$（万元），累计结算工程款450 万元，加上预付工程款150 万元，共结算600 万元。

二、工程价款结算训练

教师提供一份工程进度情况及合同书，学生独立完成工程价款结算。

【任务考核】

每类材料布置一道练习题，由学生独立完成，依照表4-2 的要求，教师进行考核评分。

表4-2　评 分 标 准

序号	考核项目	配分	考核标准	得分
1	公式选用	40	公式正确	
2	列计算式	40	计算式正确	
3	计算结果	20	结果正确	

任务二　装饰工程竣工结算

【任务目标】

能编制工程量清单投标报价文件。

【任务设置】

例4-2　某教室进行地面和墙面装修。要求：墙面采用木龙骨（断面40cm²，龙骨间距45cm）岩棉吸声板；地面为陶瓷地面砖（500mm×500mm），选用1∶3 抹灰水泥砂浆，砂浆厚度25mm。采取工程量清单计价。请根据工程实际完成项目编制结算书。

【相关知识】

一、竣工结算终编制

竣工结算终编制是指施工企业按照合同规定的内容全部完成所承包的工程，经验收质量合格，并符合合同要求之后，向发包单位进行的最终工程款结算。

工程竣工结算一般以承包商的预算部门为主，由承包商将施工建造活动中与原设计图纸规定产生的一些变化，与原施工图预算比较有增加或减少的地方，按照编制施工图预算的方法与规定，逐项进行调整计算，并经建设单位核算签署后，由承、发包单位共同办理竣工结算手续，才能进行工程结算。竣工结算意味着承、发包双方经济关系的最后结束，因此承、发包双方的财务往来必须结清。办理工程竣工结算的一般公式为：

竣工结算工程价款 = 预算（或概算）或合同价款 + 施工过程中预算或合同价款调整数额 - 预付及已结算工程价款 - 保修金

1. 竣工结算的作用

竣工结算的作用有以下4 个方面。

（1）企业所承包工程的最终造价被确定，建设单位与施工单位的经济合同关系完结。

（2）企业所承包工程的收入被确定，企业以此为根据可考核工程成本，进行经济核算。

（3）企业所承包的建筑安装工作量和工程实物量被核准承认，所提供的结算资料可作为建设单位编报竣工决算的基础资料依据。

（4）可作为进行同类经济分析、编制概算定额和概算指标的基础资料。

2. 竣工结算的编制依据

编制工程竣工结算书的依据有以下 7 个方面的内容。

（1）工程竣工报告及工程竣工验收单。这是编制竣工结算书的首要条件。未竣工的工程或虽竣工但没有进行验收及验收没有通过的工程，不能进行竣工结算。

（2）工程承包合同或施工协议书。

（3）经建设单位及有关部门审核批准的原工程预算及增减预算。

（4）施工图、设计变更图、通知书、技术洽商及现场施工记录。

（5）在工程施工过程中发生的参考预算价格差价凭据、暂估价差价凭据，以及合同、协议书中有关条文规定需持凭据进行结算的原始凭证（如工程签证、凭证、工程价款、结算凭证等）。

（6）本地区现行的预算定额、费用定额及有关文件规定、解释说明等。

（7）其他有关资料。

3. 竣工结算的编制方法

竣工结算书的编制，随承包方式的不同而有所差异。

（1）采用施工图预算加增减账承包方式的工程结算书，是在原工程预算基础上，施工过程中不可避免地发生的设计变更、材料代用、施工条件的变化、经济政策的变化等影响到原施工图预算价格的变化费用，又称为预算结算制。

（2）采用施工图预算加包干系数或每平方米造价包干的工程结算书，一般在承包合同中已分清了承、发包单位之间的义务和经济责任，不再办理施工过程中所承包内容的经济洽商，在工程结算时不再办理增减调整。工程竣工后，仍以原预算加系数或每平方米造价的价值进行计算。只有发生在超出包干范围的工程内容时，才在工程结算中进行调整。

（3）采用投标方式承包工程结算书，原则上应按中标价格（成交价格）进行。但合同中对工期较长、内容比较复杂的工程，规定了对较大设计变更及材料调价允许调整的条文，施工单位在竣工结算时，可在中标价格基础上进行调整。当合同条文规定允许调整范围以外发生的非建筑企业原因发生中标价格以外费用时，建筑企业可以向招标单位提出签订补充合同或协议，为结算调整价格的依据。

4. 竣工结算编制程序中的重要工作

（1）编制准备

编制准备包括以下 4 个方面的内容：

① 收集与竣工结算编制工作有关的各种资料，尤其是施工记录与设计变更资料；

② 了解工程开工时间、竣工时间和施工进度、施工安排与施工方法等有关内容；

③ 掌握在施工过程中的有关文件调整与变化，并注意合同中的具体规定；

④ 检查工程质量，校核材料供应方式与供应价格。

（2）对施工图预算中不真实项目进行调整

① 通过设计变更资料，寻找原预算中已列但实际未做的项目，并将项目对应的预算从原预算中扣减出来。例如，某工程内墙面原设计混合砂浆材刷，并刷 106 涂料。施工时，应甲方要求不刷涂料，改用喷塑，并有甲乙双方签证的变更通知书，那么在结算时扣除原预算中的 106 涂料费用，该项为调减部分。

② 计算实际增加项目的费用，费用构成依然为工程的直接费、间接费、利润、税金。上例中的墙面喷塑则属于增加项目，应按施工图预算要求，补充其费用。

③ 根据施工合同的有关规定，计算由于政策变化而引起的调整性费用。在当前预结算工作中，最常见的一个问题是因文件规定的不断变化而对预结算编制工作带来的直接影响，尤其是间接费率的变化、材料系数的变化、人工工资标准的变化等。

（3）计算大型机械进退场费

预结算制度明确规定，大型施工机械进退场费结算时按实计取，但招投标工程应根据招投标文件和施工合同规定办理。

（4）调整材料用量

引起材料用量尤其是主要材料用量变化的主要因素，一是设计变量引起的工程量的变化而导致的材料数量的增减；二是施工方法、材料类型不同而引起的材料数量变化。

（5）按实计算材差，重点是"三材"与特殊材料价差

一般情况下，建设单位委托承包商采购供应的"三材"和一些特殊材料按预算价、预算指导价或暂定价进行预算造价，而结算时如实计取。这就要求在结算过程中，按结算确定的建筑材料实际数量和实际价格，逐项计算材料价差。

（6）确定建设单位供应材料部分的实际供应数量与实际需求数量

材料的供应数量与工程需求数量是两个不同的概念，对于建设单位供应材料来说，这种概念上的区别尤为重要。供应数量是材料的实际购买数量，通常通过购买单位的财务账目反映出来，建设单位供应材料的供应数量，也就是建设单位购买材料并交给承包商使用的数量；材料的需求数量指的是依据材料分析，完成建筑工程施工所需材料的客观消耗量。如果上述两量之间存在数量差，则应如数进行处理，既不能超供也不能短缺。

（7）计算由于施工方式的改变而引起的费用变化

预算时按施工组织设计要求，计算有关施工过程费用，但实际施工时，施工情况、施工方式有变化，则有关费用要按合同规定和实际情况进行调整，如地下工程施工中有关的技术措施、施工机械型号选用变化、施工事故处理等有关费用。

二、装饰竣工工程结算审核

（一）审核方法

由于工程规模、特点及要求的繁简程度不同，施工企业的情况也不同，因此需选择适当的审核方法，确保审核的正确与高效。

1. 全面审查法

这是逐一地全部进行审查的方法。此法优点是全面、细致，经审查的工程结算差错小、质量较高，缺点是工作量大。对于一些工作量较小、工艺比较简单的一般民用建筑工程，编制结算的技术力量比较薄弱，可采用此法。

2. 重点审查法

这是抓住工程结算中的重点进行审查的方法。选择工程量较大、单价较高和工程结构复杂的工程。

3. 分解对比审查法

这是把一个单位工程按直接费和间接费进行分解，然后再把直接费按分部分项进行分解或把材料消耗量进行分解，分别与审查的标准结算或综合指标进行对比的方法。如发现某一分部工程价格相差较大，再进一步对比其分项详细子目，对该工程量和单价进行重点审查。此法的特点是一般不需翻阅图纸和重新计算工程量，审查时可选用1~2种指标即可，既快又正确。

4. 用标准预算审查法

对于全部采用标准图纸或通用图纸施工的工程，以事先编制标准预算为参考审查结算的一种方法。采用标准设计图或通用图纸施工的工程，在结构和做法上一般相同，只是由于现场施工条件的不同有局部的改变。这样的工程结算就不需逐项详细审查，可事先集中力量编制或全面详细审查标准图纸的预算。作为标准预算，以后凡采用该标准图纸或通用图纸的工程，皆以该标准预算为准对照审查。局部修改的部分单独审查即可。这种方法的优点是审查时间短，效果好。缺点是适用范围小，只能针对采用标准图纸或通用图纸的工程。

5. 筛选法

筛选法是统筹法的一种。同类建筑工程虽然面积、高度等项指标不同，但是它们的各分部分项工程的单位建筑面积的各项数据变化却不大。因此，可以把建筑各分部分项工程的数据加以汇集、优选。归纳出其单位面积上的工程量、价格及人工等基本数值，作为此类建筑的结算标准。以这类基本数值来筛选建设工程结算的分部分项工程数据，如数值在基本数值范围以内则可以不审，否则就要对该分部分项工程详细审查。如果说所审查的结算的建筑标准与"基本数值"所适用的建筑标准不同，则需进行调整。筛选法的优点是审查速度快、发现问题快，适用于住宅工程或不具备全面审查条件的工程。

6. 分组计算法

这是一种常用的方法，就是把结算中有关项目划分为若干组，在同一组中采用同一数据审查分项工程量的一种方法。采用这种方法，首先按照标准对分项工程进行编组，审查其中一个分项工程，就能判断同组中其他几个分项工程量的准确程度。

7. 结算手册审查法

即在日常工作中把工程中常用的构配件等，根据标准图计算整理成结算手册，按照手册对照审查，可以大大减少简单的重复计算量，提高审查效率。另外，随着计算机技术的应用，采用软件进行结算审查也是一种简便有效的方法。

（二）竣工结算审核的内容

根据结算审核经验来看，由于受经济利益的驱使，各施工单位提高的工程结算一概都会超出实际造价的15%左右，因此，在审核结算中必须注意以下几点：

1. 工程量的审核

建筑安装工程造价是随着工程量的增加而增加，根据设计图纸、定额及工程量计算规则，专业设备材料表、建构筑物和总图运输一览表，对已算出的工程量计算表进行审查，主要是审查工程量是否有漏算、重算和错算，审查要抓住重点详细计算和核对，其他分项工程可作一般性审查，审查时要注意计算工程量的尺寸数据来源和计算方法。

2. 工程量是结算的基础

工程量是指以物理计量单位或自然计量单位表示的各个具体工程细目的数量。工程量是结算的基础，它的准确与否直接影响结算的准确性。计算工程量在整个结算审核过程中是最繁重、花费时间最长的一个环节。因此，必须在工程量的审核上狠下工夫，才能保证结算的质量。要准确地核实各分部分项的工程量，应熟练地掌握全国统一的工程量计算规则。工程量的准确度是决定工程结算的前提，因此，必须熟悉和了解定额中的各项说明和计算规则的含义。只有这样，才能保证工程量计算的准确性。施工单位编制的工程结算，往往通过障碍法手段在构造交接部位重复计算，在审核中如不熟悉计算规则，多算冒算的工程量就难以察觉。

3. 注意新增项目的计算

有些变更表面看起来是新增的项目，实际上在投标文件中已经包含，这样的项目应不予计量。

4. 定额子目选（套）用的审核

定额子目选（套）用审查，是审查工程结算选用的定额子目与该工程各分部分项工程特征是否一致，代换是否合理，有无高套、错套、重套的现象。对于一个工程项目应该套用哪一个子目，有时可能产生很大争议，特别是对一些模棱两可的子目单价，施工单位常用的办法是就高不就低地选套子目单价。在工程结算中，同类工程量套入基价高或基价低的定额子目的现象时有发生。因此，审核人员应对定额子目选（套）用是否正确进行认真的审核。对定额子目选（套）用的审核。一要注意看定额子目所包含的工作内容；二要注意看各章节定额的编制说明，熟悉定额中同类工程的子目套用的界限，力求做到公正、合理。

5. 材料价格和价差调整的审核

随着市场经济的深入发展，建材市场上材料价格差别较大，如建设单位委托施工单位代办采购，却忽视了市场价格的调研，必将为施工单位进行实价虚报创造有利条件。因此审核人员必须深入实际。进行市场调研，合理确定材料价格。

材料价格的取定及材料价差的计算是否正确，对工程造价的影响是很大的，在工程结算审核中不容忽视。审核重点在：（1）安装工程材料的规格、型号和数量是否按设计施工图规定，建筑工程材料的数量是否按定额工料分析出来的材料数量计取；（2）材料预算价格是否按规定计取；（3）材料市场价格的取定是否符合当时的市场行情。其中应特别注意审核：一是当地定额站公布的材料市场预算价格，是否已包含安装费、管理费等费用。若包括，则不应再另外计取任何其他费用；二是建设工程复杂、施工期长，材料的价格随着市场供求情况而波动较大时，审核人员应认真审核工程结算中材料市场价格的取定，是否按施工阶段或进料情况综合加权平均计算。

6. 取费及执行文件的审核

取费标准是否符合定额及当地主管部门下达的文件规定，其他费用的计算是否符合双方签订的工程合同的有关内容（如工期奖、抢工费、措施费、优良奖等），各种计算方法和标准都要进行认真审查，防止多支多付。

我们对取费及执行文件的审核，应注意以下7个方面：一是费用定额与采用的预算定额相配套；二是取费标准的取定与地区分类及工程类别是否相符；三是取费基数是否正确；四是按规定有些签证应放在独立费中的费用，是否放在了定额直接费中取费计算；五是有否不该收取的费率照收；六是其他费用的计列是否有漏项；七是结算中是否正确地按国家或地方有关调整文件规定收费。

7. 现场签证的审核

现场签证是在施工全过程中因各种原因产生调整的工程量和材料差价，一般施工单位编制工程结算时往往多计取调增项目的内容，少计或不计取调减项目的内容。

【任务实施】 装饰工程竣工结算书编制

一、要求

1. 在实训老师的要求下认真阅读实训指导书，明确实训任务。

2. 听指导老师介绍定额计价经验，识读《计价定额》。

3. 根据工程量，给出该室内装饰工程结算书，用A4纸打印。

4. 实训结束时，每人交实训成果文件一份并参与实训考核，装订成册交给实训指导教师。

二、例 4-2 解答：编制装饰工程竣工结算书（表 4-3 ～ 表 4-19）

表 4-3　封　　面

××教室装修工程

竣 工 结 算 书

发 包 人：　　××学院　　
（单位盖章）

承 包 人：　　××装饰公司　　
（单位盖章）

造价咨询人：　　××咨询公司　　
（单位盖章）

表 4-4　扉　页

＿＿×× 教室装修工程＿＿

竣工结算总价

签约合同价（小写）：＿＿19810.00 元＿＿　　　（大写）壹万玖仟捌佰壹拾元整＿＿

竣工结算价（小写）：＿21066.59 元＿　　　（大写）贰万壹仟零陆拾陆元五角玖分＿＿

发包人：＿×× 学院＿　　　承包人：＿×× 装饰公司＿　　　造价咨询人：＿×× 咨询公司＿

（单位盖章）　　　　　　　（单位盖章）　　　　　　　（单位资质专用章）

法定代表人　　　　　　　法定代表人　　　　　　　法定代表人

或其授权人：＿＿＿＿＿　　或其授权人：＿＿＿＿＿　　或其授权人：＿＿＿＿＿

（签字或盖章）　　　　　　（签字或盖章）　　　　　　（签字或盖章）

编 制 人：＿＿＿＿＿＿＿＿＿　　　　核对人：＿＿＿＿＿＿＿＿＿

（造价人员签字盖专用章）　　　　　　　（造价工程师签字盖专用章）

编制时间：　年　月　日　　　　核对时间：　年　月　日

表4-5　总　说　明

工程名称：××教室装修工程

1. 工程基本情况

工程位于××路，××大街×号。地面面积80m²，墙面面积120m²。

装修要求：墙面采用木龙骨（断面40cm²，龙骨间距45cm）岩棉吸声板；地面为陶瓷地面砖（500mm×500mm），选用1:3抹灰水泥砂浆，砂浆厚度25mm。工期5天。

2. 预算编制依据

（1）教室施工图纸

（2）教室装修施工组织设计

（3）工程承包合同

（4）中华人民共和国国家标准《建设工程工程量清单计价规范》（GB 50500—2013）

3. 编制说明：

3.1　经核算建设方招标书中发布的"工程量清单"中的工程数量基本无误。

3.2　我公司编制的工程施工方案，基本与标底的施工方案相似，所以措施项目与标底采用的一致。

3.3　我公司调查所采用的材料与预算中的材料一致。

3.4　入户防盗门单价为1800.00元。

表 4-6 单位工程竣工结算汇总表

工程名称：××教室装修工程

序号	汇总内容	金额（元）
1	分部分项工程	13478.00
1.1	块料楼地面	4865.60
1.2	墙装饰面	8612.40
2	措施费	1118.83
2.1	定额措施费	
2.2	通用措施费	1118.83
3	其他费用	4736.00
3.1	专业工程结算价	1800.00
3.2	计日工	836.00
3.3	总承包服务费	
3.4	索赔与现场签证	2100.00
4	安全文明施工费	206.86
4.1	环境保护等 5 项费用	206.86
5	规费	839.04
6	税金	687.86
招标报价合计 = 1 + 2 + 3 + 4 + 5 + 6		21066.59

注：本表适用于单位工程招标控制价或投标报价汇总，如无单位工程划分，单项工程也使用本汇总。

表 4-7 分部分项工程量清单竣工结算表

工程名称：××教室装修工程   标段：

序号	项目编码	项目名称	项目特征描述	计量单位	工程量	金额（元）	
						综合单价	合价
1	011102003001	块料楼地面	陶瓷地面砖（500mm×500mm）选用 1:3 抹灰水泥砂浆，砂浆厚度 25mm	m²	80	60.82	4865.60
2	011207001001	装饰板墙面	墙面采用木龙骨（断面 40cm²，龙骨间距 45cm）岩棉吸声板	m²	120	71.77	8612.40
本页小计							13478.00
合　计							13478.00

表 4-8　通用措施项目清单竣工结算表

工程名称：××教室装修工程

序号	项目名称	计算基础	费率（%）	金额（元）
1	夜间施工费	人工费	0.08	185.83
2	二次搬运费	人工费	0.21	487.80
3	已完工程及设备保护	人工费	0.14	325.20
4	工程定位、复测、点交、清理费			
5	生产工具用具使用费			
6	雨季施工费			
7	冬季施工费	施工排水		
8	检验试验费	施工降水		
9	室内空气污染测试费			120.00
10	地上、地下设施、建筑物的临时保护设施			
合　计				1118.83

表 4-9　其他项目清单竣工结算表

工程名称：××教室装修工程

序号	项目名称	计量单位	金额（元）	备注
1	专业工程结算价	项	1800.00	明细详见表
2	计日工		836.00	明细详见表
3	总承包服务费			
4	索赔与现场签证	项	2100.00	明细详见表
合　计			4736.00	

注：材料暂估单价进入清单项目综合单价，此处不汇总。

表 4-10　专业工程竣工结算表

工程名称：××教室装修工程

序号	工程名称	工程内容	金额（元）	备注
1	入户防盗门	安装	1800.00	
合　计			1800.00	—

表4-11 计日工明细竣工结算表

工程名称：××教室装修工程

编号	项目名称	单位	结算数量	综合单价（元）	合价（元）
一	人工				
1	技工	工日	5	100.00	500.00
2	普工	工日	4	60.00	240.00
	人工小计				740.00
二	材料				
1	水泥（32.5MPa）	t	0.1	560.00	56.00
2	细砂	m³	0.5	80.00	40.00
	材料小计				96.00
三	施工机械				
1					
	施工机械小计				
	合　计				836.00

注：工程结算时原"暂定数量"变更为"结算数量"。

表4-12 安全文明施工费竣工结算表

工程名称：××教室装修工程

序号	项目名称	金额（元）
1	环境保护等5项费用	206.86
2	脚手架费	
	合　计	206.86

注：工程结算时，按建设行政主管部门评价核定的费用标准计算。

表4-13 规费、税金竣工结算表

工程名称：××教室装修工程

序号	项目名称	计算基础	费率（%）	金额（元）
1	规费			
1.1	养老保险费		2.86	552.91
1.2	医疗保险费		0.45	87.00
1.3	失业保险费		0.15	29.00
1.4	工伤保险	分部分项工程费+措施费+ 其他费用	0.17	32.87
1.5	生育保险		0.09	17.40
1.6	住房公积金		0.48	92.80
1.7	危险作业意外伤害保险		0.09	17.40
1.8	工程排污费		0.05	9.67
	小计		4.34	839.05
2	税金	分部分项工程费+措施费+ 其他费用+规费	3.41	687.86
	合　计			1526.91

注：工程结算时，按建设行政主管部门核定的标准计算。

表 4-14 工程量清单综合单价分析表

工程名称：××教室装修工程

| 项目编码 | 011102003001 | 项目名称 | 块料楼地面 | 计量单位 | m² | 工程量 | |

清单综合单价组成明细

定额编号	定额项目名称	定额单位	数量	单价				合价			
				人工费	材料费	机械费	管理费和利润	人工费	材料费	机械费	管理费和利润
1-57	陶瓷地砖楼地面	100m²	0.8	1357.33	4309.66	7.73	407.20	1085.86	3447.73	6.18	325.76
人工单价			小计					1085.86	3447.73	6.18	325.76
53.00 元/工日			未计价材料费								
清单项目综合单价								60.82			

	主要材料名称、规格、型号	单位	数量	单价（元）	合价（元）	暂估单价（元）	暂估合价（元）
材料费明细	陶瓷地砖（500mm×500mm）	m²	81.600	36.47	2975.95		
	水泥（32.5MPa）	kg	776.816	0.39	302.96		
	砂（净中砂）	m³	1.648	64.12	105.67		
	水	m³	2.608	7.59	19.79		
	白水泥	kg	8.240	0.59	4.86		
	其他材料费			—		—	
	材料费小计			—	3409.23	—	

表 4-15 分部分项工程量清单综合单价分析表

工程名称：××教室装修工程

项目编码	011207001001		项目名称	墙面装饰板	计量单位	m²

清单综合单价组成明细

定额编号	定额项目名称	定额单位	数量	单价				合价			
				人工费	材料费	机械费	管理费和利润	人工费	材料费	机械费	管理费和利润
2-304	墙面木龙骨	100m²	1.2	487.60	2777.54	68.24	146.28	585.12	3333.05	81.89	175.35
2-328	岩棉吸声板墙面	100m²	1.2	543.25	2991.64		162.98	651.90	3589.97		195.77
人工单价		小计						1237.02	6923.02	81.89	371.12
53.00 元/工日		未计价材料费									
清单项目综合单价								71.77			

	主要材料名称、规格、型号	单位	数量	单价（元）	合价（元）	暂估单价（元）	暂估合价（元）
材料费明细	小方（白松一等）	m³	2.976	1032.24	3071.95		
	合金钢钻头	个	7.368	17.99	132.55		
	膨胀螺栓（M12）	套	297.672	1.84	547.72		
	铁钉	kg	4.560	6.61	30.14		
	防腐油	kg	1.956	6.98	13.65		
	岩棉吸声板	m²	126.000	28.00	3528.00		
	松厚板	m³	0.006	1032.24	6.19		
	其他材料费			—		—	
	材料费小计			—	7330.2	—	

表 4-16　索赔与现场签证计价汇总表

工程名称：××教室装修工程　　　　　　　　　　　　　　　　　　　标段：

序号	签证及索赔项目名称	计量单位	数量	单价（元）	合价（元）	索赔及签证依据
1	暂停施工				600.00	001
2	制作课桌	张	5	300.00	1500.00	002
	本页小计				2100.00	—
	合　计				2100.00	—

注：签证及索赔依据是指经双方认可的签证单和索赔依据的编号。

表 4-17 费用索赔申请（核准）表

工程名称：××教室装修工程　　　　　标段：　　　　　　　编号：

致：　　××学院　　　　　　　　　　　　　　　　（发包人全称）

　　根据施工合同条款第___9___条的约定，由于___你方工作需要___原因，我方要求索赔金额（大写）___陆佰___元，（小写）600.00___元，请予核准。

附：1. 费用索赔的详细理由和依据：（略）

　　2. 索赔金额的计算：（略）

　　3. 证明材料：（现场监理工程师确认）

承包人（章）

造价人员_____　　　　承包人代表_____　　　　日　期_____

复核意见：

　　根据施工合同条款第___9___条的约定，你方提出的费用索赔申请经复核：

□ 不同意此项索赔，具体意见见附件。

☑ 同意此项索赔，索赔金额的计算，由造价工程师复核。

监理工程师_____

日　　期_____

复核意见：

　　根据施工合同条款第___9___条的约定，你方提出的费用索赔申请经复核，索赔金额为（大写）___陆佰___元，（小写600.00元）。

造价工程师_____

日　　期_____

审核意见：

□ 不同意此项索赔。

☑ 同意此项索赔，与本期进度款同期支付。

发包人（章）

发包人代表_____

日　期_____

注：1. 在选择栏中的"□"内作标识"√"。

　　2. 本表一式四份，由承包人填报，发包人、监理人、造价咨询人、承包人各存一份。

表4-18　现场签证表

工程名称：××教室装修工程　　　　　　标段：　　　　　　　　编号：

施工部位	××装饰公司	日期	年　月　日

致：__××学院__　　　　　　　　　　　　　（发包人全称）

　　根据_____（指令人姓名）　年　月　日的书面通知，我方要求完成此项工作应支付价款金额为（大写）壹仟伍佰元，（小写）1500.00元，请予核准。

附：1. 签证事由及原因：制作课桌5张

　　2. 附图及计算式：（略）

　　　　　　　　　　　　　　　　　　　　　　　　　　承包人（章）

　造价人员_____　　　　承包人代表_____　　　　日　　期_____

复核意见：	复核意见：
你方提出的此项签证申请经复核： □ 不同意此项签证，具体意见见附件。 ☑ 同意此项签证，签证金额的计算，由造价工程师复核。 　　　　　监理工程师_____ 　　　　　日　　期_____	☑ 此项签证按承包人中标的计日工单价计算，金额为（大写）壹仟伍佰元，（小写1500.00元）。 □ 此项签证因无计日工单价，金额为（大写）_____元，（小写_____元）。 　　　　　造价工程师_____ 　　　　　日　　期_____

审核意见：

□ 不同意此项签证。

☑ 同意此项签证，价款与本期进度款同期支付。

　　　　　　　　　　　　　　　　　　　　　　　　　发包人（章）

　　　　　　　　　　　　　　　　　　　　　　　　　发包人代表_____

　　　　　　　　　　　　　　　　　　　　　　　　　日　　期_____

注：1. 在选择栏中的"□"内作标识"√"。

　　2. 本表一式四份，由承包人在收到发包人（监理人）的口头或书面通知后填写，发包人、监理人、造价咨询人、承包人各存一份。

表 4-19 竣工结算款支付申请（核准）表

工程名称：××教室装修工程　　　　　　　　标段　　　　　　　　编号：

致：＿＿＿＿××学院＿＿＿＿＿＿＿＿＿＿＿＿＿＿＿（发包人全称）

我方于＿＿＿＿＿至＿＿＿＿＿期间已完成了＿＿地面装修＿＿工作，根据施工合同的约定，现申请支付本期的工程价款为（大写）＿＿叁仟肆佰捌拾伍元零贰角＿＿，（小写）3485.20 元，请予核准。

序号	名　称	金额（元）	备注
1	累计已完成的工程价款	13485.20	
2	累计已实际支付的工程价款	10000.00	
3	本周期已完成的工程价款	3485.20	
4	本周期完成的计日工金额		
5	本周期应增加和扣减的变更金额		
6	本周期应增加和扣减的索赔金额		
7	本周期应抵扣的预付款		
8	本周期应扣减的质保金		
9	本周期应增加或扣减的其他金额		
10	本周期实际应支付的工程价款	3485.20	

承包人（章）

造价人员＿＿＿＿　　承包人代表＿＿＿＿　　　　　日　期＿＿＿＿＿＿

复核意见：

□ 与实际施工情况不相符，修改意见见附件。

☑ 与实际施工情况相符，具体金额由造价工程师复核。

监理工程师＿＿＿＿＿

日　期＿＿＿＿＿

复核意见：

你方提出的竣工结算款支付申请经复核，本周期已完成工程额款为（大写）贰万零壹佰捌拾元叁角玖分，（小写）20180.39 元，本期间应支付金额为（大写）叁仟肆佰捌拾伍元零贰角，（小写）3485.20 元。

造价工程师＿＿＿＿＿

日　期＿＿＿＿＿

审核意见：

□ 不同意。

☑ 同意，支付时间为本表签发后的 15 天内。

发包人（章）

发包人代表＿＿＿＿＿

日　期＿＿＿＿＿

注：1. 在选择栏中的"□"内作标识"√"。

　　2. 本表一式四份，由承包人填报，发包人、监理人、造价咨询人、承包人各存一份。

三、结算书编制训练

教师提供一套完整的家装图纸、施工说明、预算书及现场签证等文件，由学生独立完成结算书编制。

【任务考核】

布置一道装饰工程实例题，要求学生计算各类费用，编制竣工结算书，依照表 4-20 的要求进行考核评分。

表 4-20 评 分 标 准

序号	考核项目	配分	考核标准	得分
1	表格	20	表格齐全	
2	项目种类	20	不缺项	
3	费用计算	40	计算正确	
4	编制说明	10	叙述明确	
5	填写封面	10	符合要求	

项目五　家装工程预算

【学习目标】

学生说明家装工程预算特点，能进行家装工程工程量计算、材料费计算和人工费计算，能编制家装预算书。

家装即是家居装修，包括室内空间结构的调整、表面的装修、功能构件的制作、家具布置、水电分布的改造等内容。

家装工程流程：量房—设计（绘图、编制施工组织设计）—估算—签订合同—预算—现场交底—施工—完工验收—维修—结算。

由于家装工程内容多、施工工艺复杂、工程量小、所需材料种类多样，所以，家装预算有别于公装预算，其特点如下：

一、家装工程预算特点

1. 费用预算是依据企业定额进行的，不受地方或部门定额的约束，因此，随意性较大。

2. 施工图纸多变，业主在装修过程中会经常出现观念的改变。因而，图纸需经常调整，给预算带来很多不确定性。

3. 其费用由人工费、材料费、管理费和设计费构成。有的企业另外加收税金，多数企业则不加收税金这一项费用。

4. 家装工程中人工费构成独特，通常是按工种进行划分的，即木工、瓦工、水工、电工、油漆工、粉刷工等。

5. 机械费不单独算计取，包含在人工费当中。

二、家装工程预算程序

1. 收集资料：效果图、施工图、企业定额、地方工程量消耗定额、市场材料信息、市场人工费信息等。

2. 熟悉施工图纸和施工组织设计

熟悉施工图纸和设计说明书是编制施工图预算的最重要的准备工作。在编制预算以前，首先要认真研究施工图纸，对设计图纸和有关标准图的内容、施工说明及各张图纸之间的关系，要进行从个别到综合的熟悉，以充分掌握设计意图、了解工程全貌。掌握设计图纸的设计意图、结构和构造特点和技术要求。及时发现设计图纸中存在的问题和错误，使其改正在施工开始之前，为施工项目的施工提供一份准确、齐全的设计图纸。掌握设计内容及各项技术要求，了解工程规模，结构形式特点，工程量和质量要求。读图的同时，还要熟悉施工组织设计，并深入工地现场，了解现场实际情况。

3. 确定工程项目

一是按房间确定工程项目，先确定房间，即客厅—卧室—书房—厨房—卫生间—阳台，在此基础上再确定各房间的地面、墙面、天棚等项目。

二是按房间的部位确定工程项目，先确定装修部位，即地面、墙面、天棚，在此基础上再将各房间的相关工程归类相加。

三是按工种确定工程项目，先确定所需工种，即木工、瓦工、水工、电工、油漆工、粉刷工等，再按各房间与工种相对应的项目进行归类。

4. 计算工程量

工程量计算最好是依据当地的《装饰工程消耗量定额》中的"工程量计算规则"进行计算，以免发生纠纷时无据可查。要在认真研究施工图纸的基础上，将所划分的工程项目按图纸上标注的尺寸逐项进行计算，确保准确无误。

5. 计算材料用量

材料用量计算时要根据材料种类，考虑到施工工艺和材料的损耗率进行计算，做到够用而不浪费。

6. 计算人工费、材料费及其他费用

根据企业定额及市场价格确定不同工种的人工费单价，再根据工程量计算人工费。

计算材料费时除了材料的市场价格外，还要加上采购费、装卸费、道路运输费、楼层运输费和保管费。

再计算其他费用，最终计算工程总费用。

7. 编制预算书

任务一　家装工程材料用量计算

【任务目标】

能独立完成家装工程材料用量计算。

【任务设置】

计算某一家庭装修工程中的砂浆、石材、板材、地毯、壁纸、油漆、涂料等材料的用量。

【相关知识】

一、家装材料种类

1. 砂浆类

水泥砂浆、石灰砂浆、混合砂浆、素水泥浆、水泥白石子浆

2. 石材块料类

天然石材：天然大理石板、天然花岗岩板

人造石材：人造大理石、陶瓷砖、马赛克、预制水磨石、缸砖

3. 装饰用板材

地板：复合地板、实木地板、竹地板

装饰面板：榉木板、榉木皮、石膏板、宝丽板、防火板、铝塑板、不锈钢板、亚克力灯箱片、镜面玻璃、镭射平板玻璃、软包、实木吸声板、岩棉吸声板、微孔铝板、塑料扣板、GRC 板

装饰基层板：胶合板、石膏板、密度板、细木工板

4. 地毯：天然织物地毯、合成材料地毯

5. 壁纸：纸质壁纸、塑料壁纸、织锦缎壁纸

6. 油漆：调和漆、醇酸漆、聚酯漆、过氯乙烯清漆

7. 涂料：内墙涂料（乳胶漆）、真石涂料、防霉涂料、仿瓷涂料、钙塑涂料、彩绒涂料、多彩花编纹涂料、银光涂料、弹性涂料、硬质复层凹凸花纹涂料

二、家装材料用量计算

（一）砂浆用量计算

1. 水泥砂浆材料用量计算

水泥砂浆是由水泥、砂子组成。其每立方米用量按下式计算：

$$砂用量 = 砂之比/（配合比之和 - 砂之比 \times 砂之比空隙率）$$

$$水泥用量 =（水泥之比 \times 水泥表观密度/水泥之比）\times 砂用量$$

其中，砂用量量以 m^3 为单位，水泥用量以 kg 为单位。

2. 石灰砂浆材料用量计算，见表5-1

石灰砂浆是由石灰膏和砂子组成，其用量按下式计算：

$$砂用量 = 砂之比/（配合比之和 - 砂之比 \times 砂之比空隙率）$$

$$石灰膏用量 =（石灰膏之比/砂之比）\times 砂用量$$

$$生石灰用量 = 石灰膏用量 \times 灰膏淋制系数$$

表 5-1　淋制 1m³ 石灰膏所需石灰用量表

生石灰块末比（块:末）	单位	所需石灰量
8:2	kg	571.00
7:3	kg	600.00
6:4	kg	636.00
5:5	kg	674.00
4:6	kg	716.00
3:7	kg	736.00
2:8	kg	820.00

3. 混合砂浆材料用量计算

$$砂用量 = 砂之比/（配合比之和 - 砂之比 \times 砂之比空隙率）$$

$$水泥用量 =（水泥之比 \times 水泥表观密度/水泥之比）\times 砂用量$$

$$石灰膏用量 =（石灰膏之比/砂之比）\times 砂用量$$

$$生石灰用量 = 石灰膏用量 \times 灰膏淋制系数$$

4. 素水泥浆材料用量计算

$$水胶比 = \frac{加水量占水泥用量百分数 \times 水泥表观密度}{1000}$$

$$虚体积系数 = \frac{1}{1 + 水胶比}$$

$$收缩后体积 = \left（\frac{水泥表观密度}{水泥密度} + 水胶比\right）\times 虚体积系数$$

$$实体积系数 = \frac{1}{（1 + 水胶比）\times 收缩后体积}$$

$$水泥净用量 = 实体积系数 \times 水泥表观密度$$

$$水净用量 = 实体积系数 \times 水胶比$$

5. 水泥白石子浆材料用量计算

　　　白石子用量 = 白石子/（配合比之和 – 白石子之比 × 白石子之比空隙率）

　　　水泥用量 =（水泥之比 × 水泥表观密度/水泥之比）× 白石子用量

（二）块料用量计算

1. 加拼缝块料用量计算（块数/100m²）

$$100m^2 = \frac{100}{（块长 + 拼缝）×（块宽 + 拼缝）}（1 + 损耗率）$$

2. 无拼缝块料用量计算（块数/100m²）

$$100m^2 = \frac{100}{块长 × 块宽}（1 + 损耗率）$$

（三）装饰用板材用量计算

$$100m^2 = \frac{100}{块长 × 块宽}（1 + 损耗率）$$

（四）壁纸、地毯用量计算

　　　壁纸、地毯用量 = 工程数量 ×（1 + 损耗率）

（五）油漆（涂料）用量计算

$$油漆（涂料）用量 = \frac{涂料涂刷面积}{每千克涂刷面积} ×（1 + 损耗率）$$

【任务实施】

一、完成家装中各种材料用量计算

（一）砂浆配合比计算

例 5-1　水泥砂浆配合比为 1∶2（水泥比砂），计算每立方米砂子和水泥的用量。水泥表观密度为 1200kg/m³，砂密度为 2650kg/m³，表观密度为 1550kg/m³。

　　解： 砂孔隙率 =（1 – 1550/2650）× 100% = 42%

　　砂用量 = 2/[（1 + 2）– 2 × 0.42]m³

　　　　　 = 0.93m³

　　水泥用量 =（1 × 1200/2）× 0.93m³

　　　　　　 = 558kg

例 5-2　拌制 1∶3 干硬性水泥砂浆计算其每立方米砂子和水泥的用量。水泥表观密度为 1200kg/m³，砂密度为 2650kg/m³，表观密度为 1550kg/m³。

　　解： 砂孔隙率 =（1 – 1550/2650）× 100% = 42%

　　　砂用量 = 2/[（1 + 2）– 2 × 0.42]m³

　　　　　　 = 0.93m³

　　　水泥用量 =（1 × 1200/3）× 0.93m³

　　　　　　　 = 372kg

例 5-3　拌制 1∶3 抹灰石灰砂浆，计算每立方米石灰和砂子的用量。砂密度为 2650kg/m³，表观密度为 1550kg/m³。石灰膏是用块末比为 4∶6 的白灰淋制。

　　解： 砂孔隙率 =（1 – 1550/2650）× 100% = 42%

　　　砂用量 = 2/[（1 + 2）– 2 × 0.42]m³

　　　　　　 = 0.93m³

石灰膏用量 $= 1/3 \times 0.93 = 0.31 m^3$

石灰用量 $= 0.31 \times 716 = 222 kg$

例 5-4 拌制 1:0.3:4(水泥:石灰膏:砂子)抹灰混合砂浆,计算每立方米所用水泥、石灰和砂子的用量。水泥表观密度为 $1200 kg/m^3$,砂密度为 $2650 kg/m^3$,表观密度为 $1550 kg/m^3$。石灰膏是用块末比为 7:3 的白灰淋制。

解: 砂用量 $= 4/[(1+0.3+4)-4 \times 0.41] m^3$

$\qquad\qquad = 1.093 m^3$ 取 $1 m^3$

$\qquad$ 水泥用量 $= [(1 \times 1200 kg/m^3)/4] \times 1 m^3 = 300 kg$

$\qquad$ 石灰膏 $= (0.3/4) \times 1 m^3 = 0.075 m^3$

$\qquad$ 生石灰 $= 600 kg/m^3 \times 0.075 m^3$

$\qquad\qquad = 45.00 kg$

(二)块料用量计算

例 5-5 釉面瓷砖规格为 152mm × 152mm,接缝宽度为 1.5mm,其损耗率为 1%,求 $100 m^2$ 需用块数。

解: $100 m^2$ 用量 $= 100/[(0.152+0.0015) \times (0.152+0.0015)] \times (1+0.01)$

$\qquad\qquad\qquad = 4201$ 块

例 5-6 天然大理石板规格 300mm × 300mm,接缝宽度 5mm,其损耗率为 1%,求 $100 m^2$ 需用块数。

解: $100 m^2$ 用量 $= 100/[(0.3+0.005) \times (0.3+0.005)] \times (1+0.01)$

$\qquad\qquad\qquad = 1064$ 块

(三)装饰板材用量计算

例 5-7 胶合板规格为 1220mm × 2440mm,不计算拼缝,其损耗率为 2%,求 $100 m^2$ 需用张数。

解: $100 m^2$ 用量 $= 100/(1.22 \times 2.44 \times 2.44) \times (1+0.02)$

$\qquad\qquad\qquad = 32.94 \approx 33$ 张

(四)壁纸、地毯用量计算

例 5-8 对花裱糊壁纸损耗率为 15%,计算裱糊 $100 m^2$ 对花壁纸所需购买量。

解: $100 m^2$ 用量 $= 100 \times (1+0.15) = 115 m^2$

二、家装材料用量计算训练

教师提供一套完整的家装图纸及施工说明,由学生独立完成所用各种材料用量的计算,教师指导、检查、评阅。

【任务考核】

每类材料布置一道练习题,由学生独立完成,教师依照表 5-2 的要求进行考核评分。

表 5-2 评 分 标 准

序号	考核项目	配分	考核标准	得分
1	公式选用	40	公式正确	
2	计算式	40	计算式正确	
3	计算结果	20	结果正确	

任务二 家装工程费用计算

【任务目标】

能独立完成家装各种费用计算，并编制预算书。

【任务设置】

某别墅进行装修，请按施工图纸及装修施工组织设计完成工程费用计算，并编制预算书。

【相关知识】

一、家装预算费用计算

1. 计算材料费 = ∑材料数量×材料单价

2. 计算人工费 = ∑人工数量×人工单价

3. 计算管理费 = 人工费×管理费率

4. 计算设计费 = 装修面积×设计费单价

5. 计算税金 = 不含税工程费用×税率

二、家装预算书格式（表5-3~表5-7）

家装预算书一般由封面、总说明和家装费用预算表三部分构成。

表5-3 封 面

家 装 工 程 预 算 书

户主姓名：

工程地址：

装修规模：

施工单位：

工程造价：

编制人： （签字）

编制时间：

编制单位： （盖章）

审核人（户主）： （签字）

表 5-4　总　说　明

1. 工程概况：
2. 预算依据：
3. 取费标准：
4. 工期说明：

表 5-5 家装费用预算表 (1)

序号	项目名称	单位	工程量	单价（元）	总价（元）	工艺说明
	客厅、餐厅					
1						
2						
3						
4						
	厨房					
1						
2						
3						
	卧室					
1						
2						
3						
	卫生间					
1						
2						
3						

费用合计		
一	材料费用	
二	人工费用	
三	管理费用	
四	设计费用	
五	税金	
工程总造价		

注：本表适用于只负责人工，材料由业主自行采购。

表5-6 家装费用预算表（2）

序号	项目名称	单位	工程量	材料费		人工费		总价（元）	工艺说明
				单价	合价	单价	合价		
客厅、餐厅									
1									
2									
3									
厨 房									
1									
2									
3									
卧 室									
1									
2									
3									
卫生间									
1									
2									
费 用 合 计									

一	材料费用	
二	人工费用	
三	管理费用	
四	设计费用	
五	税金	
	工程总造价	

注：本表适用于包工包料。

关于以上两个"家装费用预算表"中的工艺说明,如果内容过多,可以不加在表格之内,而另行编写。

表 5-7 家装费用预算表（3）

序号	项目名称	单位	数量	单价	总价	备注
木工人工费						
1						
2						
3						
4						
泥工人工费						
1						
2						
3						
4						
油漆工人工费						
1						
2						
3						
4						
水电工人工费						
1						
2						
3						
人工费合计						
工料费						
管理费						
设计费						
税金						
工程总造价						

注：按工种计费时采用此表格。

【任务实施】

一、完成工程预算费用并编制预算书

（一）资料准备

1. 准备"×××房间"总平面图及各房间立面图。

2. 企业定额

（二）计算工程数量

根据施工图纸列出工程项目，再分别计算工程量。

工程量计算必须依据"工程量计算规则"进行。其计算顺序如下：

①按顺时针方向计算工程量：从图纸左上角开始，按顺时针方向逐步计算，环绕一周后又回到原开始点为止。

②按横竖顺序计算工程量：按照先横后竖、从上到下、从左到右、先外后内的原则进行计算。

（三）计算各项费用（表5-8～表5-19）

按顺序分别计算材料费、人工费、管理费、设计费、税金及总造价，并填入相应表格中。

（四）编制预算书

填写封面、总说明、装订、签字。

表5-8　某装饰工程费用汇总表（左右边框去掉）

序号	费用名称	计算式	金额（元）
1	材料费		88265.97
2	人工费		13016.00
3	管理费	13016.00×10%	1301.60
4	设计费	90.7×30	2721.00
5	税金	（1+2+3+4）×3.41%	3590.89
	合　计		108895.46

表5-9　泥工类材料统计表

序号	货号及货名	数量	单位	单价（元）	金额（元）	备注
1	水泥	23	kg	0.39	8.97	
2	黄沙	3	m³	64.00	192.00	
3	108胶水	5	kg	1.80	9.00	
4	厨房地砖600×600	42	块	7.80	327.60	
5	厨房面砖600×600	370	块	7.80	2886.00	
6	主卫地砖400×400	30	块	5.00	150.00	
7	主卫面砖400×400	300	块	5.00	1500.00	
8	次卫地砖400×400	38	块	5.00	190.00	
9	次卫面砖400×400	280	块	5.00	1400.00	
10	前阳台地砖600×600	68	块	7.80	530.40	
11	后阳台地砖400×400	56	块	5.00	280.00	
12	花砖600×600	6	块	9.00	54.00	
13	切割刀片	2	片	47.00	94.00	
14	红砖	800	块	1.00	800.00	
15	白水泥	10	kg	0.60	6.00	
	合　计				8427.97	

表 5-10　木工类材料统计表（1）

序号	货号及货名	数量	单位	单价（元）	金额（元）	备注
1	地板	70	m²	230.00	16100.00	
2	落叶松	0.7	m³	1100.00	770.00	按6cm计算
3	白松	0.6	m³	900.00	540.00	按6cm计算
4	细木工板	29	张	320.00	9280.00	
5	十二厘板	2	张	130.00	260.00	中密度板
6	九厘板	11	张	110.00	1210.00	中密度板
7	三夹板	4	张	63.00	252.00	
8	黑胡桃	10	张	360.00	3600.00	
9	双面贴白	10	张	90.00	900.00	中密度双面贴白
10	9厘单面贴白	4	张	70.00	280.00	
11	纸面石膏板	6	张	30.00	180.00	
12	铝扣板	13	m²	50.00	650.00	
13	铝顶角线	27	m²	120.00	3240.00	
14	水泥板	1	张	60.00	60.00	
15	工艺门	7	扇	1320.00	9240.00	黑胡桃贴面工艺门
16	百叶门	4.2	m²	800.00	3360.00	
17	小刷子	10	把	5.00	50.00	
18	3.5寸铁钉	2	kg	6.60	13.20	
19	3寸铁钉	1	kg	6.60	6.60	
20	2.5寸铁钉	6	kg	6.60	39.60	
21	2寸铁钉	1	kg	6.60	6.60	
22	玻璃广告钉	8	只	7.50	60.00	
23	龙骨钉	980	只	7.50	7350.00	
24	地板钉	12	盒	8.50	102.00	
25	3cm枪钉	5	盒	9.50	47.50	
26	3cm钢枪钉	3	盒	9.50	28.50	
27	2.5cm铜枪钉	2	盒	9.50	19.00	
28	1.5cm铜纹钉	6	盒	9.50	57.00	
29	4寸合页	5	付	2.20	11.00	
合　计					57713.00	

表 5-11 木工类材料统计表（2）

序号	货号及货名	数量	单位	单价（元）	金额（元）	备注
31	中弯合页	40	付	2.20	88.00	
32	门吸	5	只	5.20	26.00	
33	锁	5	把	25.00	125.00	
34	吊轮	1	付	6.20	6.20	优质
35	移门道轨	1.6	m	22.00	35.20	
36	抽屉道轨	8	付	16.00	128.00	50cm
37	豪华大拉手	22	只	50.00	1100.00	防火门板用
38	木螺钉	1	盒	3.20	3.20	无
39	膨胀螺钉	10	只	2.00	20.00	6cm
40	门套线	90	m	35.00	3150.00	6×1.2柳安实木线条
41	铅笔	10	支	0.45	4.50	
	合　计				4686.10	

表 5-12 油工类材料统计表

序号	货号及货名	数量	单位	单价（元）	金额（元）	备注
1	哑光硝基	2	桶	80.00	160.00	
2	香蕉水	2	桶	20.00	40.00	
3	封固底漆	10	桶	5.00	50.00	
4	底漆稀释剂	3	桶	10.00	30.00	
5	地板漆	3	组	70.00	210.00	
6	面漆	3	组	50.00	150.00	
7	防锈漆	1	瓶	15.00	15.00	
8	二甲苯	1	瓶	10.00	10.00	
9	酒精	1	桶	20.00	20.00	
10	回丝	2	千克	10.00	20.00	
11	石膏粉	1	包	10.00	10.00	
12	腻子粉	12	包	2.00	24.00	
13	老粉	1	包	5.00	5.00	
14	石膏	1	包	5.00	5.00	
15	弹性腻子	5	盒	7.00	35.00	
16	美纹纸	1	筒	30.00	30.00	
17	801 胶水	2	桶	10.00	20.00	
18	熟胶粉	5	包	15.00	75.00	
19	底涂	4	桶	20.00	80.00	
20	面涂	9	桶	40.00	360.00	两种颜色
21	砂纸	50	张	2.00	100.00	
22	滚筒	2	把	12.00	24.00	
23	羊毛排笔	4	把	8.00	32.00	
24	刀片	1	盒	6.00	6.00	
合　计					1511.00	

表 5-13　给排水材料统计表

序号	货号及货名	数量	单位	单价（元）	金额（元）	备注
1	镀锌管	1	根	30.00	30.00	4 分劳动管
2	弯头	6	只	3.00	18.00	
3	三通	2	只	5.00	10.00	
4	内丝	4	只	2.00	8.00	
5	5cm 外丝	4	只	3.00	12.00	
6	闷头	8	只	3.00	24.00	
7	生料带	10	卷	3.00	30.00	
8	厚白漆	1	支	5.00	5.00	
9	PPR 管及配件	55	m	8.00	440.00	6 分冷热水管
10	进水阀	1	只	25.00	25.00	
11	进气阀	1	只	25.00	25.00	
12	角阀	5	只	20.00	100.00	
13	金属波纹管	5	根	20.00	100.00	优质五金
14	地漏	3	只	5.00	15.00	优质五金
15	硅胶	6	支	10.00	60.00	防霉硅胶
16	台盆落水	2	只	15.00	30.00	
17	浴缸落水	1	只	10.00	10.00	
18	马桶密封圈	2	只	8.00	16.00	
19	1.2 寸 PVC 管	1	根	15.00	15.00	
20	三通	4	只	15.00	60.00	
21	弯头	6	只	8.00	48.00	
22	直接	2	只	6.00	12.00	
23	PVC 胶粘剂	1	瓶	15.00	15.00	
24	1.5 寸 PVC 管	1	根	10.00	10.00	
25	弯头	4	只	8.00	32.00	
26	三通	2	只	15.00	30.00	
27	锯片条	10	根	3.00	30.00	
合　　计					1210.00	

表 5-14　照明材料统计表

序号	货号及货名	数量	单位	单价（元）	金额（元）	备注
1	开关箱	1	只	15.00	15.00	
2	分频器	1	只	40.00	40.00	3分频
3	PVC 线管 4 分	300	m	3.00	900.00	加厚管
4	PVC 线管 6 分	100	m	3.50	350.00	加厚管
5	电视线	50	m	2.00	100.00	
6	电话线	50	m	1.50	75.00	
7	网线	50	m	3.00	150.00	
8	4 平方线	3	m	5.00	15.00	
9	1.5 平方线	12	m	3.00	36.00	
10	2.5 平方线	3	m	4.00	12.00	
11	护套线	20	m	2.00	40.00	
12	单联单控	4	只	8.00	32.00	
13	单联双控	6	只	10.00	60.00	
14	双联单控	5	只	12.00	60.00	
15	三联单控	5	只	13.00	65.00	
16	二三眼插	35	只	5.00	175.00	
17	电视插	3	只	5.00	15.00	
18	电话插	4	只	5.00	20.00	
19	空调插	4	只	5.00	20.00	
20	网线插	4	只	5.00	20.00	
21	接线盒	2	只	5.00	10.00	
22	绝缘胶带	2	卷	6.00	12.00	
23	专用螺钉	20	只	1.00	20.00	
24	并线压口帽	1	包	5.00	5.00	
25	弯管弹簧	2	根	3.00	6.00	
26	切割刀片	1	盒	6.00	6.00	
	合　计				2259.00	

表 5-15　安装类材料统计表

序号	货号及货名	数量	单位	单价（元）	金额（元）	备注
1	热水器	1	只	800.00	800.00	
2	油烟机	1	只	900.00	900.00	
3	水斗	1	只	200.00	200.00	
4	灶台	1	副	600.00	600.00	
5	水斗龙头	1	只	80.00	80.00	
6	台盆龙头	2	只	80.00	160.00	
7	淋浴龙头	2	只	50.00	100.00	
8	浴霸	2	只	1000.00	2000.00	
9	洗衣机龙头	2	只	20.00	40.00	
10	马桶	2	只	800.00	1600.00	
11	立盆	1	只	300.00	300.00	
12	台盆	1	只	500.00	500.00	
13	浴缸	1	只	1500.00	1500.00	
14	窗台大理石	4	m²	80.00	320.00	红线米黄
15	门槛大理石	2	块	30.00	60.00	啡网纹
16	地台大理石	2.4	m²	50.00	120.00	进口啡网纹
17	人造大理石	4.6	m²	10.00	46.00	
18	防火门板	6.5	m²	30.00	195.00	
19	防火板百叶门	2	扇	800.00	1600.00	
20	浴巾架	2	副	20.00	40.00	
21	毛巾架	2	副	20.00	40.00	
22	手纸盒	2	只	10.00	20.00	
23	肥皂盒	2	只	4.00	8.00	
24	磨砂玻璃	1	m²	30.00	30.00	电视背景
25	防盗门	1	扇	1200.00	1200.00	
	合　　计				12459.00	

表 5-16 木工人工费统计表

序号	项目名称	数量	单位	单价（元）	总价（元）	备注
1	地板	70	m²	30.00	2100.00	漆板
2	踢脚板	63	m	2.00	126.00	9厘板衬底黑胡桃贴面
3	门套	8	只	160.00	1280.00	
4	门安装	7	扇	30.00	210.00	
5	客厅电视背景	1	项	320.00	320.00	
6	门厅柜	1	项	100.00	100.00	细木工板箱体
7	装饰柱	1	项	90.00	90.00	
8	装饰壁柜	1	项	230.00	230.00	
9	卧室落地窗柜	1	项	120.00	120.00	
10	储藏柜	1	只	230.00	230.00	百叶门定加工
11	厨房吊柜	3.4	m	100.00	340.00	防火门板外加工
12	厨房低柜	4.6	m	100.00	460.00	防火门板外加工
13	台盆柜	1	只	120.00	120.00	防火门板外加工
14	石膏板吊顶	13	m²	12.00	156.00	造型吊顶
15	铝扣板	13	m²	12.00	156.00	
合计人工费					6038.00	

表 5-17 油漆工人工费统计表

序号	项目名称	数量	单位	单价（元）	总价（元）	备注
1	地板漆	70	m²	35.00	2450.00	
2	清水漆	65	m²	35.00	2275.00	
3	混水漆	20	m²	35.00	700.00	
4	涂料	210	m²	1.50	315.00	
5						
6						
合计人工费					5740.00	

表 5-18 泥工人工费统计表

序号	项目名称	数量	单位	单价（元）	总价（元）	备注
1	前阳台地砖	6	m²	15.00	90.00	
2	后阳台地砖	5	m²	15.00	75.00	
3	厨房地砖	3.7	m²	15.00	55.50	
4	厨房面砖	20	m²	15.00	300.00	
5	主卫地砖	2.6	m²	15.00	39.00	
6	主卫面砖	16	m²	15.00	240.00	
7	次卫地砖	3.4	m²	15.00	51.00	
8	次卫面砖	14.5	m²	15.00	217.50	
合计人工费					1068.00	

表 5-19　水工人工费统计表

序号	项目名称	数量	单位	单价（元）	总价（元）	备注
1	煤气管安装	1	套	30.00	30.00	
2	PVC 管上水安装	1	套	40.00	40.00	
3	墙面开槽	10	m	10.00	100.00	
4						
5						
6						
7						
8						
9						
10						
11						
合计人工费					170.00	

二、家装预算书编制训练

教师提供一套完整的家装图纸及施工说明，由学生独立完成所用各种费用的计算，并编制预算书，教师指导、检查、评阅。

【任务考核】

布置一道家装实例题，要求学生计算各类费用，编制预算书，依照表 5-20 的要求进行考核评分。

表 5-20　评 分 标 准

序号	考 核 项 目	配分	考 核 标 准	得分
1	表格	20	表格齐全	
2	项目种类	20	不缺项	
3	费用计算	40	计算正确	
4	编制说明	10	叙述明确	
5	填写封面	10	符合要求	

项目六 预算软件的使用

【学习目标】

学生说明预算软件的功能、应用范围和操作程序，并能利用软件进行室内装饰装修工程图形算量、费用计算和输出预算单。

工程造价类软件是随建筑业信息化应运而生的软件，随着计算机技术的进步，工程造价类软件也有了长足的发展。一些优秀的软件提升了建筑业信息化水平，把造价人员从繁重的手工劳动中解脱出来，使工作效率得到成倍提高。目前市场主要有神机妙算软件、鲁班软件、清华斯维尔、PKPM、广联达。下面以广联达清单计价软件为例，介绍预算软件使用的基本方法。

广联达计价软件是融招标管理、投标管理、计价于一体的全新计价软件，作为工程造价管理的核心产品，本计价软件以工程量清单计价和定额计价为基础，主要解决建设领域工程造价相关人员完成招投标阶段的预算编制工作及其他工程造价阶段的概预算编制工作。帮助工程造价人员提高计价工作效率，并有效完成计价工作中的造价管理工作。

该计价软件实现招投标业务的一体化，全面支持电子招投标应用，使计价更高效、招标更快捷、投标更安全。

任务一 预算软件图形算量

【任务目标】

按照操作流程完成楼体绘图输入、室内装修绘图输入，并汇总装饰装修工程量。

【任务设置】

例6-1 教师提供一套装饰装修工程建筑施工图和结构施工图，利用预算软件完成其装饰装修工程量计算。

【相关知识】

一、软件的类型

1. 图形算量软件

计算除钢筋以外的工程量，可以实现清单工程量和定额工程量的计算。

2. 钢筋抽样软件

计算预算钢筋工程量。

3. 清单算量软件

编制工程量清单，编制投标报价，计算工程总造价。

4. 标书软件

编制招标文件或编制投标文件。

二、广联达图形算量软件操作流程（图6-1）

1. 新建工程

2. 工程设置

3. 楼层管理

4. 新建轴网

5. 构件输入

6. 报表输出

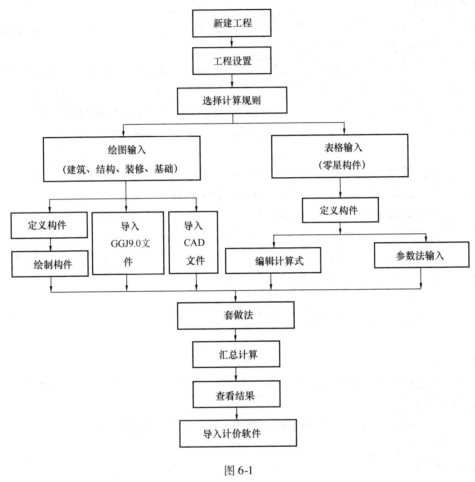

图 6-1

【任务实施】

例 6-1 解答：

一、新建工程

软件启动后，自动弹出欢迎界面；点击"新建向导"图标，根据新建向导，可以快速新建一个工程。在"新建工程"界面左边是新建一个工程的各个步骤，右边是相对于左边步骤所需填入或选择的内容。

新建工程操作步骤：

第一步：工程名称

1. 工程名称：××培训楼；

2. 标书模式：分"清单模式"和"定额模式"。在清单模式下可以选择"招标"和"投标两种模式，软件默认为"清单"模式；

3. 计算规则：根据实际情况选择"清单规则"或"定额规则"。当标书模式为"清单招标"时，必须选择"清单规则"；"定额规则"为可选项；当标书模式为"清单投标"时，必须选择"清单规则"和"定额规则"；当标书模式为"定额模式"时，只能选择"定额规则"。

第二步：工程信息

工程信息与工程量计算没有关系，只是起到标志的作用，该部分内容均可以不填写。

第三步：编制信息

该部分的内容可以根据实际情况输入，不会对计算有任何影响。

二、工程设置

在新建完工程后，需要重新填写或者修改标书模式、计算规则等信息时，可以在"工程设置"页面重新进行设定、修改。

1. 工程信息

在"工程信息"页面可以修改工程名称、工程信息、编制信息、辅助信息等信息。

2. 工程设置

在此页面，用户可以修改标书模式、计算规则等信息。

三、楼层管理

1. 建立楼层

通过"添加楼层"按钮快速建立楼层，如果要删除多余或错误的楼层则点击"删除楼层"按钮进行删除。

2. 标准层的建立

实际工程中，第二层到第五层为标准层时，在楼层编码处输入"2－5"或者"2～5"，然后按回车键即可。

3. 地下室的建立

操作步骤：

第一步：点击"添加楼层"按钮；

第二步：把所添加的最高楼层编码改为－1，如有两层地下室把次高楼层编码改为－2；

第三步：点击"楼层排序"按钮，软件自动按照楼层编码进行排序。

四、新建轴网

第一步：点击工具栏中"轴网管理"按钮，打开"轴网管理"界面；

第二步：点击"新建"按钮进入"新建轴网"窗口，在"轴网名称"处输入"矩形轴网1"；

第三步：在轴距处输入数值，然后按回车键，轴网的下开间即建立好了；

第四步：在"类型选择"处点击"左进深"，在轴距处输入数值回车，轴网的左进深即建立好了，此时在左边预览区域出现新建的轴网预览，如果输入的轴距错了，可以立刻进行修改；

第五步：点击"确认"按钮，新的轴网就建立成功了；

第六步：点击"选择"按钮，如果还要新建轴网，可以点击"新建"按钮继续新建轴网；

第七步：在弹出的窗口中选择"确定"按钮，轴网就建立好了。

五、构件输入

属性定义是以构件为单元，确定构件尺寸、材质及其他与工程量计算有关的基本属性。例如：建立柱构件。

第一步：在"工具导航条"中选择要进行绘制的构件图标；

第二步：点击"构件工具条"选择"定义构件"；

第三步：在属性编辑中给出构件相应信息，然后切换构件做法页面选择清单项及定额子目；

第四步：点击选择构件进行绘图。

六、绘图

按构件特点分别采取点线面等画法，完成绘图。

七、报表输出

绘制完构件图以后，如果要查看其工程量，必须要先进行汇总计算。

第一步：在选择构件状态下点击工具栏中的"Σ汇总计算"按钮；

第二步：在"汇总计算"条件窗口选择需要汇总的楼层点击"计算"按钮，软件即可汇总计算；

第三步：选择查看工程量的方式就可以核量了。

在汇总计算后，可查看报表。

第一步：在工具导航条中切换到"报表预览"界面软件即可预览报表；

第二步：根据算量需求选择相应的报表进行预览、打印。

【任务考核】

布置一道实例题，要求学生利用预算软件计算，教师依照表6-1的要求进行考核评分。

表6-1 评 分 标 准

序号	考核项目	配分	考核标准	得分
1	工程设置	5	工程设置与图纸相符	
2	轴网建立	15	轴网建立与图纸相符	
3	定义构件、定义属性	30	定义正确	
4	绘图	30	绘图正确	
5	汇总工程量	20	数值准确	

任务二 预算软件工程量清单计价

【任务目标】

按照操作流程能独立完成从新建招标项目到生成电子投标文件全部过程的操作。

【任务设置】

例6-2 教师提供一套装饰装修工程建筑施工图和结构施工图，利用预算软件完成其装饰装修工程量清单投标报价。

【相关知识】

广联达清单计价软件是融计价、招标管理、投标管理于一体的全新计价软件。以工程量清单计价和定额计价为业务背景，为招标、投标、结算等工作提供保障。

一、招标方的主要工作

1. 新建招标项目：包括新建招标项目工程，建立项目结构。

2. 编制单位工程分部分项工程量清单：包括输入清单项，输入清单工程量，编辑清单名称，分部整理。

3. 编制措施项目清单。

4. 编制其他项目清单。

5. 编制甲供材料、设备表。

6. 查看工程量清单报表。

7. 生成电子标书：包括招标书自检，生成电子招标书，打印报表，刻录及导出电子标书。

二、投标人主要工作

1. 新建投标项目。

2. 编制单位工程分部分项工程量清单计价：包括套定额子目，输入子目工程量，子目换算，设置单价构成。

3. 编制措施项目清单计价：包括计算公式组价、定额组价、实物量组价三种方式。

4. 编制其他项目清单计价。

5. 人材机汇总：包括调整人材机价格，设置甲供材料、设备。

6. 查看单位工程费用汇总，包括调整计价程序和工程造价调整。

7. 查看报表。

8. 汇总项目总价，包括查看项目总价和调整项目总价。

9. 生成电子标书，包括符合性检查、投标书自检、生成电子投标书、打印报表、刻录及导出电子标书。

【任务实施】

例 6-2 解答：投标报价预算

一、新建投标项目

1. 在工程文件管理界面，点击"新建项目"中"新建投标项目"。

2. 在新建投标工程界面，点击"浏览"，找到电子招标书文件，点击"打开"，导入电子招标文件中的项目信息。点击"确定"，软件进入投标管理主界面，可以看出项目结构也被完整导入进来。

选择单位工程，点击"进入编辑窗口"，在新建清单计价单位工程界面选择清单库、定额库及专业，输入结构类型、建筑面积。点击"确定"后，软件会进入单位工程编辑主界面，能看到已经导入的工程量清单。

二、套定额组价

在土建工程中，套定额组价通常采用的方式有以下几种。

（一）直接输入

选择清单项，点击"插入"选择"插入子目"，在空行的编码列直接输入编码和工程量。

（二）查询输入

选中某清单，点击"查询定额库"，选择章节，选中子目，点击"选择子目"，输入工程量。

（三）补充子目

1. 选中清单项后，点击"补充"选择"补充子目"。

2. 在弹出的对话框中输入编码、专业章节、名称、单位、工程量和人材机等信息。点击"确定"即可补充子目。

三、强制修改综合单价

补充清单项不套定额，直接给出综合单价。选中补充清单项的综合单价列，点击"其他"，选择"强制修改综合单价"，在弹出的对话框中输入综合单价。

四、系数换算

选中某清单项下的需要换算子目，点击子目编码列，使其处于编辑状态，在子目编码后面输入"子目编码＊系数"，软件就会把这条子目的单价乘以系数。

五、设置单价构成

在左侧功能区点击"设置单价构成"，选择"单价构成管理"，在"管理取费文件"界面输入需要修改的费率。软件会按照设置后的费率重新计算清单的综合单价。

如果工程中有多个专业，并且每个专业都要按照本专业的标准取费，可以利用软件中的"按专业匹配单价构成"功能快速设置。

点击"设置单价构成"，选择"按专业匹配单价构成"，在按专业匹配单价构成界面点击"按取费专业自动匹配单价构成文件"。

六、措施项目组价

（一）计算公式组价方式

1. 直接输入

选中某措施项，点击"组价内容"，在组价内容界面输入计算基数。

2. 按取费基数输入

选择措施项，在组价内容界面点击计算基数后面的"…"按钮，在弹出的费用代码查询界面选择代码，然后点击"选择"，输入费率，软件会计算出费用。

（二）定额组价方式

选择某措施项，点击"组价内容"，点击鼠标右键，点击"插入"，在编码列输入子目。

（三）实物量组价方式

选中某措施项，将当前计价方式修改为实物量计价方式，点击"载入模板"，选择模板，点击"打开"。根据工程填写实际发生的项目即可。

七、其他项目清单

如果有发生的费用，直接在投标人部分输入相应金额即可。

八、人工、材料、机械费用汇总

（一）载入造价信息

在人材机汇总界面，选择材料表，点击"载入造价信息"，点击信息价右侧下拉选项，选择"某年某月工程造价信息"，点击"确定"。软件会按照信息价文件修改材料市场价。

（二）直接修改材料价格

可以直接修改某材料的市场价格。

（三）设置甲供材

选中某材料，单击"供货方式"单元格，在下拉选项中选择"完全甲供"。

批量设置：通过拉选的方式选择多条材料，点击"批量修改"，在弹出的界面中点击设置值下拉选项，选择"完全甲供"，点击"确定"退出。

点击导航栏"甲方材料"，选择"甲供材料表"，查看设置结果。

（四）主要材料表

1. 点到设置主要材料表界面。

2. 点"自动设置主要材料"，选择即可。

九、费用汇总

（一）查看费用

点击"费用汇总"，查看及修改费用汇总表。

（二）工程造价调整

如果工程造价与预想的造价有差距，可以通过"工程造价调整的方式"快速调整。

切换到分部分项界面，点击"工程造价调整"，选择"调整人材机单价"，输入材料的调整系数，然后点击"预览"。点击"确定"，软件会重新计算工程造价。

提示：工程造价调整后，无法恢复，因此在进行工程造价调整前强烈建议您进行工程备份，如果调整后要放弃调整，请打开备份的工程。

十、报表

在导航栏点击"报表"，选择报表类别为"投标方"，选择"分部分项工程量清单计价表"。

【任务考核】

布置一道实例题，要求学生利用预算软件计算，教师依照表6-2的要求进行考核评分。

表6-2 评分标准

序号	考核项目	配分	考核标准	得分
1	新建项目	10	新建项目正确	
2	内容输入	60	内容输入正确	
3	计算结果	30	结果正确	

附　录

中华人民共和国预算法

第一章　总　则

第一条　为了强化预算的分配和监督职能，健全国家对预算的管理，加强国家宏观调控，保障经济和社会的健康发展，根据宪法，制定本法。

第二条　国家实行一级政府一级预算，设立中央、省、自治区、直辖市，设区的市、自治州、县、自治县、不设区的市、市辖区，乡、民族乡、镇五级预算。

不具备设立预算条件的乡、民族乡、镇，经省、自治区、直辖市政府确定，可以暂不设立预算。

第三条　各级预算应当做到收支平衡。

第四条　中央政府预算（以下简称中央预算）由中央各部门（含直属单位，下同）的预算组成。

中央预算包括地方向中央上缴的收入数额和中央对地方返还或者给予补助的数额。

第五条　地方预算由各省、自治区、直辖市总预算组成。

地方各级总预算由本级政府预算（以下简称本级预算）和汇总的下一级总预算组成；下一级只有本级预算的，下一级总预算即指下一级的本级预算。没有下一级预算的，总预算即指本级预算。

地方各级政府预算由本级各部门（含直属单位，下同）的预算组成。

地方各级政府预算包括下级政府向上级政府上缴的收入数额和上级政府对下级政府返还或者给予补助的数额。

第六条　各部门预算由本部门所属各单位预算组成。

第七条　单位预算是指列入部门预算的国家机关、社会团体和其他单位的收支预算。

第八条　国家实行中央和地方分税制。

第九条　经本级人民代表大会批准的预算，非经法定程序，不得改变。

第十条　预算年度自公历 1 月 1 日起，至 12 月 31 日止。

第十一条　预算收入和预算支出以人民币元为计算单位。

第二章　预算管理职权

第十二条　全国人民代表大会审查中央和地方预算草案及中央和地方预算执行情况的报告；批准中央预算和中央预算执行情况的报告；改变或者撤销全国人民代表大会常务委员会关于预算、决算的不适当的决议。

全国人民代表大会常务委员会监督中央和地方预算的执行；审查和批准中央预算的调整

方案；审查和批准中央决算；撤销国务院制定的同宪法、法律相抵触的关于预算、决算的行政法规、法定和命令；撤销省、自治区、直辖市人民代表大会及其常务委员会制定的同宪法、法律和行政法规相抵触的关于预算、决算的地方性法规和决议。

第十三条　县级以上地方各级人民代表大会审查本级总预算草案及本级总预算执行情况的报告；批准本级预算和本级预算执行情况的报告；改变或者撤销本级人民代表大会常务委员会关于预算、决算的不适当的决议；撤销本级政府关于预算、决算的不适当的决定和命令。

县级以上地方各级人民代表大会常务委员会监督本级总预算的执行；审查和批准本级预算的调整方案；审查和批准本级政府决算（以下简称本级决算）；撤销本级政府和下一级人民代表大会及其常务委员会关于预算、决算的不适当的决定、命令和决议。

设立预算的乡、民族乡、镇的人民代表大会审查和批准本级预算和本级预算执行情况的报告；监督本级预算的执行；审查和批准本级预算的调整方案；审查和批准本级决算；撤销本级政府关于预算、决算的不适当的决定和命令。

第十四条　国务院编制中央预算、决算草案；向全国人民代表大会作关于中央和地方预算草案的报告；将省、自治区、直辖市政府报送备案的预算汇总后报全国人民代表大会常务委员会备案；组织中央和地方预算的执行；决定中央预算预备费的动用；编制中央预算调整方案；监督中央各部门和地方政府的预算执行；改变或者撤销中央各部门和地方政府关于预算、决算的不适当的决定、命令；向全国人民代表大会、全国人民代表大会常务委员会报告中央和地方预算的执行情况。

第十五条　县级以上地方各级政府编制本级预算、决算草案；向本级人民代表大会作关于本级总预算草案的报告；将下一级政府报送备案的预算汇总后报本级人民代表大会常务委员会备案；组织本级总预算的执行；决定本级预算预备费的动用；编制本级预算的调整方案；监督本级各部门和下级政府的预算执行；改变或者撤销本级各部门和下级政府关于预算、决算的不适当的决定、命令；向本级人民代表大会、本级人民代表大会常务委员会报告本级总预算的执行情况。

乡、民族乡、镇政府编制本级预算、决算草案；向本级人民代表大会作关于本级预算草案的报告；组织本级预算的执行；决定本级预算预备费的动用；编制本级预算的调整方案；向本级人民代表大会报告本级预算的执行情况。

第十六条　国务院财政部门具体编制中央预算、决算草案；具体组织中央和地方预算的执行；提出中央预算预备费动用方案；具体编制中央预算的调整方案；定期向国务院报告中央和地方预算的执行情况。

地方各级政府财政部门具体编制本级预算、决算草案；具体组织本级总预算的执行；提出本级预算预备费动用方案；具体编制本级预算的调整方案；定期向本级政府和上一级政府财政部门报告本级总预算的执行情况。

第十七条　各部门编制本部门预算、决算草案；组织和监督本部门预算的执行；定期向本级政府财政部门报告预算的执行情况。

第十八条　各单位编制本单位预算、决算草案；按照国家规定上缴预算收入，安排预算支出，并接受国家有关部门的监督。

第三章　预算收支范围

第十九条　预算由预算收入和预算支出组成。

预算收入包括：

（一）税收收入；

（二）依照规定应当上缴的国有资产收益；

（三）专项收入；

（四）其他收入。

预算支出包括：

（一）经济建设支出；

（二）教育、科学、文化、卫生、体育等事业发展支出；

（三）国家管理费用支出；

（四）国防支出；

（五）各项补贴支出；

（六）其他支出。

第二十条　预算收入划分为中央预算收入、地方预算收入、中央和地方预算共享收入。

预算支出划分为中央预算支出和地方预算支出。

第二十一条　中央预算与地方预算有关收入和支出项目的划分、地方向中央上缴收入、中央对地方返还或者给予补助的具体办法，由国务院规定，报全国人民代表大会常务委员会备案。

第二十二条　预算收入应当统筹安排使用，确需设立专用基金项目的，须经国务院批准。

第二十三条　上级政府不得在预算之外调用下级政府预算的资金。下级政府不得挤占或者截留属于上级政府预算的资金。

第四章　预　算　编　制

第二十四条　各级政府、各部门、各单位应当按照国务院规定的时间编制预算草案。

第二十五条　中央预算和地方各级政府预算，应当参考上一年预算执行情况和本年度收支预测进行编制。

第二十六条　中央预算和地方各级政府预算按照复式预算编制。

复式预算的编制办法和实施步骤，由国务院规定。

第二十七条　中央政府公共预算不列赤字。

中央预算中必需的建设投资的部分资金，可以通过举借国内和国外债务等方式筹措，但是借债应当有合理的规模和结构。

中央预算中对已经举借的债务还本付息所需的资金，依照前款规定办理。

第二十八条　地方各级预算按照量入为出、收支平衡的原则编制，不列赤字。

除法律和国务院另有规定外，地方政府不得发行地方政府债券。

第二十九条　各级预算收入的编制，应当与国民生产总值的增长率相适应。

按照规定必须列入预算的收入，不得隐瞒、少列，也不得将上年的非正常收入作为编制预算收入的依据。

第三十条　各级预算支出的编制，应当贯彻厉行节约、勤俭建国的方针。

各级预算支出的编制，应当统筹兼顾、确保重点，在保证政府公共支出合理需要的前提下，妥善安排其他各类预算支出。

第三十一条　中央预算和有关地方政府预算中安排必要的资金，用于扶助经济不发达的民族自治地方、革命老根据地、边远、贫困地区发展经济文化建设事业。

第三十二条　各级政府预算应当按照本级政府预算支出额的1%～3%设置预备费，用于当年预算执行中的自然灾害救灾开支及其他难以预见的特殊开支。

第三十三条　各级政府预算应当按照国务院的规定设置预算周转金。

第三十四条　各级政府预算的上年结余，可以在下年用于上年结转项目的支出；有余额的，可以补充预算周转金；再有余额的，可以用于下年必需的预算支出。

第三十五条　国务院应当及时下达关于编制下一年预算草案的指示。

编制预算草案的具体事项，由国务院财政部门部署。

第三十六条　省、自治区、直辖市政府应当按照国务院规定的时间，将本级总预算草案报国务院审核汇总。

第三十七条　国务院财政部门应当在每年全国人民代表大会会议举行的一个月前，将中央预算草案的主要内容提交全国人民代表大会财政经济委员会进行初步审查。

县、自治县、直辖市、设区的市、自治州政府财政部门应当在本级人民代表大会会议举行的一个月前，将本级预算草案的主要内容提交本级人民代表大会有关的专门委员会或者根据本级人民代表大会常务委员会主任会议的决定提交本级人民代表大会常务委员会有关的工作委员会进行初步审查。

县、自治县、不设区的市、市辖区政府财政部门应当在本级人民代表大会会议举行的一个月前，将本级预算草案的主要内容提交本级人民代表大会常务委员会进行初步审查。

第五章　预算审查和批准

第三十八条　国务院在全国人民代表大会举行会议时，向大会作关于中央和地方预算草案的报告。

地方各级政府在本级人民代表大会举行会议时，向大会作关于本级总预算草案的报告。

第三十九条　中央预算由全国人民代表大会审查和批准。

地方各级政府预算由本级人民代表大会审查和批准。

第四十条　乡、民族乡、镇政府应当及时将经本级人民代表大会批准的本级预算报上一级政府备案。县级以上地方各级政府应当及时将经本级人民代表大会批准的本级预算及下一级政府报送备案的预算汇总，报上一级政府备案。

县级以上地方各级政府将下一级政府依照前款规定报送备案的预算汇总后，报本级人民代表大会常务委员会备案。国务院将省、自治区、直辖市政府依照前款规定报送备案的预算汇总后，报全国人民代表大会常务委员会备案。

第四十一条　国务院和县级以上地方各级政府对下一级政府依照本法第四十条规定报送备案的预算，认为有同法律、行政法规相抵触或者有其他不适当之处，需要撤销批准预算的决议的，应当提请本级人民代表大会常务委员会审议决定。

第四十二条　各级政府预算经本级人民代表大会批准后，本级政府财政部门应当及时向本级各部门批复预算。各部门应当及时向所属各单位批复预算。

第六章 预 算 执 行

第四十三条 各级预算由本级政府组织执行，具体工作由本级政府财政部门负责。

第四十四条 预算年度开始后，各级政府预算草案在本级人民代表大会批准前，本级政府可以先按照上一年同期的预算支出数额安排支出；预算经本级人民代表大会批准后，按照批准的预算执行。

第四十五条 预算收入征收部门，必须依照法律、行政法规的规定，及时、足额征收应征的预算收入。不得违反法律、行政法规规定，擅自减征、免征或者缓征应征的预算收入，不得截留、占用或者挪用预算收入。

第四十六条 有预算收入上缴任务的部门和单位，必须依照法律、行政法规和国务院财政部门的规定，将应当上缴的预算资金及时、足额地上缴国家金库（以下简称国库），不得截留、占用、挪用或者拖欠。

第四十七条 各级政府财政部门必须依照法律、行政法规和国务院财政部门的规定，及时、足额地拨付预算支出资金，加强对预算支出的管理和监督。

各级政府、各部门、各单位的支出必须按照预算执行。

第四十八条 县级以上各级预算必须设立国库；具备条件的乡、民族乡、镇也应当设立国库。

中央国库业务由中国人民银行经理，地方国库业务依照国务院的有关规定办理。

各级国库必须按照国家有关规定，及时准确地办理预算收入的收纳、划分、留解和预算支出的拨付。

各级国库库款的支配权属于本级政府财政部门。除法律、行政法规另有规定外，未经本级政府财政部门同意，任何部门、单位和个人都无权动用国库库款或者以其他方式支配已入国库的库款。

各级政府应当加强对本级国库的管理和监督。

第四十九条 各级政府应当加强对预算执行的领导，支持政府财政、税务、海关等预算收入的征收部门依法组织预算收入，支持政府财政部门严格管理预算支出。

财政、税务、海关等部门在预算执行中，应当加强对预算执行的分析；发现问题时应当及时建议本级政府采取措施予以解决。

第五十条 各部门、各单位应当加强对预算收入和支出的管理，不得截留或者动用应当上缴的预算收入，也不得将不应当在预算内支出的款项转为预算内支出。

第五十一条 各级政府预算预备费的动用方案，由本级政府财政部门提出，报本级政府决定。

第五十二条 各级政府预算周转金由本级政府财政部门管理，用于预算执行中的资金周转，不得挪作他用。

第七章 预 算 调 整

第五十三条 预算调整是指经全国人民代表大会批准的中央预算和经地方各级人民代表大会批准的本级预算，在执行中因特殊情况需要增加支出或者减少收入，使原批准的收支平衡的预算的总支出超过总收入，或者使原批准的预算中举借债务的数额增加的部分变更。

第五十四条 各级政府对于必须进行的预算调整，应当编制预算调整方案。中央预算的调整方案必须提请全国人民代表大会常务委员会审查和批准。县级以上地方各级政府预算的调整方案必须提请本级人民代表大会常务委员会审查和批准；乡、民族乡、镇政府预算的调整方案必须提请本级人民代表大会审查和批准。未经批准，不得调整预算。

第五十五条 未经批准调整预算，各级政府不得作出任何使原批准的收支平衡的预算的总支出超过总收入或者使原批准的预算中举借债务的数额增加的决定。

对违反前款规定作出的决定，本级人民代表大会、本级人民代表大会常务委员会或者上级政府应当责令其改变或者撤销。

第五十六条 在预算执行中，因上级政府返还或者给予补助而引起的预算收支变化，不属于预算调整。接受返还或者补助款项的县级以上地方各级政府应当向本级人民代表大会常务委员会报告有关情况；接受返还或者补助款项的乡、民族乡、镇政府应当向本级人民代表大会报告有关情况。

第五十七条 各部门、各单位的预算支出应当按照预算科目执行。不同预算科目间的预算资金需要调剂使用的，必须按照国务院财政部门的规定报经批准。

第五十八条 地方各级政府预算的调整方案经批准后，由本级政府报上一级政府备案。

第八章　决　　算

第五十九条 决算草案由各级政府、各部门、各单位，在每一预算年度终了后按照国务院规定的时间编制。

编制决算草案的具体事项，由国务院财政部门部署。

第六十条 编制决算草案，必须符合法律、行政法规，做到收支数额准确、内容完整、报送及时。

第六十一条 各部门对所属各单位的决算草案，应当审核并汇总编制本部门的决算草案，在规定的期限内报本级政府财政部门审核。

各级政府财政部门对本级各部门决算草案审核后发现有不符合法律、行政法规规定的，有权予以纠正。

第六十二条 国务院财政部门编制中央决算草案，报国务院审定后，由国务院提请全国人民代表大会常务委员会审查和批准。

县级以上地方各级政府财政部门编制本级决算草案，报本级政府审定后，由本级政府提请本级人民代表大会常务委员会审查和批准。

乡、民族乡、镇政府编制本级决算草案，提请本级人民代表大会审查和批准。

第六十三条 各级政府决算经批准后，财政部门应当向本级各部门批复决算。

第六十四条 地方各级政府应当将经批准的预算，报上一级政府备案。

第六十五条 国务院和县级以上地方各级政府对下一级政府依照本法第六十四条规定报送备案的决算，认为有同法律、行政法规相抵触或者有其他不适当之处，需要撤销批准该项决算的决议的，应当提请本级人民代表大会常务委员会审议决定；经审议决定撤销的，该下级人民代表大会常务委员会应当责成本级政府依照本法规定重新编制决算草案，提请本级人民代表大会常务委员会审查和批准。

第九章 监　　督

第六十六条　全国人民代表大会及其常务委员会对中央和地方预算、决算进行监督。

县级以上地方各级人民代表大会及其常务委员会对本级和下级政府预算、决算进行监督。

乡、民族乡、镇人民代表大会对本级预算、决算进行监督。

第六十七条　各级人民代表大会和县级以上各级人民代表大会常务委员会有权就预算、决算中的重大事项或者特定问题组织调查，有关的政府、部门、单位和个人应当如实反映情况和提供必要的材料。

第六十八条　各级人民代表大会和县级以上各级人民代表大会常务委员会举行会议时，人民代表大会代表或者常务委员会组成人员，依照法律规定程序就预算、决算中的有关问题提出询问或者质询，受询问或者受质询的有关的政府或者财政部门必须及时给予答复。

第六十九条　各级政府应当在每一预算年度内至少两次向本级人民代表大会或者其常务委员会作预算执行情况的报告。

第七十条　各级政府监督下级政府的预算执行；下级政府应当定期向上一级政府报告预算执行情况。

第七十一条　各级政府财政部门负责监督检查本级各部门及其所属各单位预算的执行；并向本级政府和上一级政府财政部门报告预算执行情况。

第七十二条　各级政府审计部门对本级各部门、各单位和下级政府的预算执行、决算实行审计监督。

第十章 法 律 责 任

第七十三条　各级政府未经依法批准擅自变更预算，使经批准的收支平衡的预算的总支出超过总收入，或者使经批准的预算中举借债务的数额增加的，对负有直接责任的主管人员和其他直接责任人员追究行政责任。

第七十四条　违反法律、行政法规的规定，擅自动用国库库款或者擅自以其他方式支配已入国库的库款的，由政府财政部门责令退还或者追回国库库款，并由上级机关给予负有直接责任的主管人员和其他直接责任人员行政处分。

第七十五条　隐瞒预算收入或者将不应当在预算内支出的款项转为预算内支出的，由上一级政府或者本级政府财政部门责令纠正，并由上级机关给予负有直接责任的主管人员和其他直接责任人员行政处分。

第十一章 附 　 则

第七十六条　各级政府、各部门、各单位应当加强对预算外资金的管理。预算外资金管理办法由国务院另行规定。各级人民代表大会要加强对预算外资金使用的监督。

第七十七条　民族自治地方的预算管理，依照民族区域自治法的有关规定执行；民族区域自治法没有规定的，依照本法和国务院的有关规定执行。

第七十八条　国务院根据本法制定实施条例。

第七十九条　本法自 1995 年 1 月 1 日施行。1991 年 10 月 21 日国务院发布的《国家预算管理条例》同时废止。

参 考 文 献

［1］ 侯小霞，刘芳. 建筑装饰工程概预算［M］. 北京：北京理工大学出版社. 2009.
［2］ 郭阳明. 工程量清单计价实务［M］. 北京：北京理工大学出版社. 2009.
［3］ 廖雯. 新编装饰工程计价教程［M］. 北京：北京理工大学出版社. 2011.
［4］ 宋巧玲. 装饰工程计量计价与实务［M］. 北京：清华大学出版社. 2012.